Problem — gelöst!

mit Martin Rütter

Unerwünschtes
Verhalten beim
Hund

KOSMOS

Problem gelöst!

mit Martin Rütter

Inhalt

7 Problemhund im Alltag

31 Problemverhalten im Haus

83 Probleme auf dem Spaziergang

107 Probleme in Bezug auf Nahrung

Problemhund im Alltag

Heutzutage rückt der Hund immer mehr in den Mittelpunkt des Familienlebens. Er begleitet seine Menschen überall mit hin.

Der Hund ist im Urlaub mit dabei und soll sich vollständig in die Familie integrieren. Als Familienhund soll er kinderfreundlich sein, beim gemeinsamen Hobby Leistung zeigen, im Alltag unauffällig und geduldig sein, sowohl das Alleinbleiben als auch den Trubel einer Großstadt ertragen können und als Partnerersatz wird er zum Kuschelhund, der seinem Menschen bedingungslose Liebe entgegenbringen soll. Ganz schön viel für „einen" Hund ...

Nehmen Probleme heute zu?

Die Geschäfte rund um den Hund laufen gut. Im Hundezubehörladen kann man jegliches erdenkliche Hilfsmittel erwerben, angefangen von Spielzeug, Dummy und Futterbeutel über Leinen, Geschirre und Halsbänder, aber auch Maulkorb, Anti-Zug-Geschirr, Kopfhalfter und Bell-Stopp füllen die Regale. Sinnvoll oder nicht soll an dieser Stelle gar nicht die Frage sein. Doch das Geschäft läuft, auch in Bezug auf Training und Versorgung des Hundes. Neben dem Tierarzt gibt es mittlerweile Tierphysiotherapeuten, Ernährungsspezialisten und natürlich gibt es Hundetrainer für alle möglichen Beschäftigungsformen und Verhaltensprobleme des Hundes. Wer mit seinem Hund nicht in die Hundeschule geht, dem werden Probleme bereits vorhergesagt. Scheinbar ist das Zusammenleben mit dem Hund immer schwieriger geworden. Doch woran liegt das? Werden unsere Hunde immer problematischer?

Ballschleuder, Dummyweste, Leckerlibeutel und Pfeife – die „Grundausstattung" eines Hundehalters?

Martin erklärt, welche Bedürfnisse die Kromfohrländer-Hündin Amy hat und wie diese im Alltag und gemeinsamen Training erfüllt werden können.

Veränderungen der Zucht

Auch wenn sich der Hund im Laufe der letzten Jahrzehnte natürlich verändert hat, ist er dennoch das geblieben, was er immer schon war: ein domestiziertes Raubtier! Die Veränderungen beim Hund sind aber gerade in Bezug auf das Äußere gravierend. Hierzu muss man sich nur die Rassefotos vieler Hunde aus den Anfängen der Zucht anschauen. Die heute präsentierten Rassevertreter haben häufig kaum noch etwas mit ihren Urahnen gemeinsam. Stand früher der Arbeitseinsatz der Hunde im Vordergrund, mussten die Hunde also sowohl geistig als auch körperlich den Ansprüchen genügen, welche die Menschen an sie als Helfer bei der Jagd, beim Hüten oder beim Bewachen von Haus und Hof stellten, ist heutzutage oft ein sehr persönliches Schönheitsideal ausschlaggebend. Da werden Hunde für die Zucht bevorzugt, die möglichst viel Masse mit sich bringen. Extreme Winkelungen der Hinterhand, stark verkürzte Nasen, sehr kleine oder sehr große Exemplare, alles was besonders viel hermacht oder sehr selten und damit besonders ist, scheint sich durchzusetzen. Doch leider wird hierbei der gesundheitliche Aspekt oftmals vergessen. So können viele dieser Hunde z. B. kaum noch über einen längeren Zeitraum laufen oder ohne Probleme atmen.

Zu hohe Erwartungen an den Hund

Sogenannte Problemhunde entstehen häufig einfach durch falsche Erwartungen des Menschen an seinen Hund! Das beginnt damit, dass der Mensch sich häufig nicht gut genug vorab bei der Anschaffung informiert, welcher Hund eigentlich am besten zu ihm und seiner Familie passt. Daher kann ich nur raten, das Angebot der Beratung vor der Auswahl und Anschaffung eines Hundes in unseren Hundeschulen zu nutzen. Ein guter Hundetrainer wird genau nachfragen, welche Vorstellungen du von deinem Hund hast, welche

Ansprüche du an einen Hund stellst und wie das Leben bei dir bzw. in deiner Familie abläuft. Er wird dir dann dementsprechend mögliche Rassen vorstellen und dir auch bei der Auswahl eines Welpen bei einem Züchter helfen. Alternativ kann er mit dir im Tierheim passende Hunde in Bezug auf deine Ansprüche testen. Auf jeden Fall solltest du dir bei der Auswahl des Hundes Zeit lassen, ein übereilter Kauf hilft niemandem. Schließlich möchtest du mindestens die nächsten 12 bis 15 Jahre gemeinsam mit deinem Vierbeiner verbringen bzw. bei einem erwachsenen Hund die restlichen Jahre gemeinsam erleben, bis er hoffentlich dieses hohe Alter erreicht hat. Doch gerade beim Ersthund sind die Vorstellungen vieler Menschen sehr romantisch. Der Mensch möchte mit seinem Hund die Natur erleben. Entspannte Spaziergänge, bei denen man einfach einmal die Seele baumeln lassen kann, sind wohl nicht zu viel erwartet. Natürlich soll auch der Hund auf seine Kosten kommen, indem er neue Bekanntschaften schließt. Und man selbst ist ja auch offen und freut sich über neue Bekannte, die das gleiche Hobby teilen. Während man den Hunden beim netten Spiel zuschaut, kann gefachsimpelt werden, man kann sich über das neueste Hundefutter austauschen oder einfach nur das gemeinsame Zusammensein genießen. Zuhause liegt der Hund dann zufrieden und glücklich in seinem Körbchen und wartet brav darauf, dass es am Nachmittag noch einmal nach draußen geht.

Ganz so einfach ist es nicht

Die Realität sieht dann meist ganz anders aus … Der Hund jagt alles, was er in die Nase bekommt, und man befindet sich auf dem Spaziergang allein, kaum dass er abgeleint ist. An der Leine lässt sich der Hund auch kaum führen, er zieht wie ein Berserker, sodass man bereits chronische Schmerzen im Schultergelenk hat. Trifft man auf andere Hunde, stürmt „Waldemar“ mit lautem Gebell los, und oftmals endet das Zusammentreffen blutig.

Zuhause nimmt der Vierbeiner das Haus auseinander, allein bleiben kann er gar nicht und Besucher werden laut verbellt, wenn sie überhaupt ins Haus hinein dürfen. Wofür hatte man sich noch mal den Hund angeschafft?

Glücklicherweise trifft das gerade beschriebene Szenario in dieser Komplexität auf die wenigsten Hunde zu. Doch die ein oder andere Baustelle hat wohl jeder Hund. Und das ist auch ganz normal!

Simone und ihr Mischlingsrüde Shadow verstehen sich gut. Beide lieben die gemeinsamen Spaziergänge.

Der acht Monate alte Labrador-Rüde muss noch viel lernen, damit Spaziergänge entspannt verlaufen.

Hunde sind nicht perfekt!

Hunde sind Lebewesen, sie sind nicht „perfekt“. Wir schaffen uns einen Hund aus Fleisch und Blut an, keinen Roboter, der nur entsprechend unserer Bedürfnisse programmiert werden muss und dann zuverlässig funktioniert. Hunde sind soziale Lebewesen, die ihre individuellen Stärken und Schwächen haben! Und als diese müssen wir Menschen sie auch wahrnehmen und akzeptieren. Natürlich heißt das nicht, dass du mit dem Problem deines Hundes für immer leben musst. Wenn dein Hund an der Leine zieht, kannst du ihm über ein gut aufgebautes und auf ihn abgestimmtes Training beibringen, an lockerer Leine zu laufen. Das kann jeder Hund lernen! Zumindest in den meisten Situationen. Denn natürlich kann selbst der besterzogenste Hund einmal vergessen, was eigentlich von ihm erwartet wird. Wir Menschen kennen das auch von uns selbst. Man ist freudig erregt und kann sich nicht mehr zurückhalten, oder hat große Angst und möchte nur noch weg, ohne weiter nachzudenken. Auch dein Hund wird gegebenenfalls in solchen Situationen nicht mehr daran denken, dass du eigentlich mit ihm vereinbart hattest, an lockerer Leine zu laufen. Dein Hund ist deswegen jedoch noch lange kein Problemhund. Du musst ihm aus der für ihn schwierigen Situation hinaushelfen und wirst dann erleben, wie die gemeinsame Bewältigung eure Beziehung stärkt.

Nicht nur negativ denken

Doch nicht immer kann durch ein Training jedes Problem gelöst werden. Hunde haben Charaktereigenschaften, die sich auch durch ein noch so gutes Training nicht verändern lassen. Den hochspezialisierten Jagdhund wird man wohl niemals vollkommen entspannt frei laufen lassen können. Natürlich kannst du die zuverlässige Rückrufbarkeit trainieren, deinen jagdlich hoch motivierten Hund mit alternativen Beschäftigungsformen auslasten, dennoch wirst du ihn vermutlich auf dem Spaziergang immer im Auge behalten müssen, um im Falle des Falles schnell eingreifen zu können. Genauso wenig wirst du durch noch so intensives Training aus einem sehr ängstlichen Hund einen Draufgänger machen. Du kannst lernen, Angstzustände deines Hundes zu erkennen, deinen ängstlichen Hund sicher zu führen oder ihm aus einer Angstsituation zu helfen. Dein Hund kann die Erfahrung machen, dass es Sinn macht, sich an dir zu orientieren. Dennoch wird es immer wieder zu Situationen kommen, in denen er ängstlich reagiert.

Kommt es zu einem solchen „Rückschlag“, sind viele Menschen enttäuscht. Sie denken, dass sie selbst vermutlich nicht hart und konsequent genug trainiert haben, denn es muss ja einen Grund für das erneute Versagen geben. Alle anderen scheinen es doch auch zu schaffen, haben ja offensichtlich perfekte Hunde. Denn auch das spielt beim Bild, das man von seinem Hund hat, eine große Rolle: die Erwartungen, die das Umfeld offensichtlich oder auch nur scheinbar an einen selbst als Hundehalter bzw. an den Hund hat. Hunde sollen in unserer Gesellschaft funktionieren. Sie sollen nicht auffallen, keine anderen Menschen belästigen. Der Hund, der einen Menschen anbellt, fällt auf. Unerwünschtes Verhalten wird schnell anstößig kommentiert. So passiert es schnell, dass man ebenfalls nur noch die negativen Seiten seines Hundes sieht. Alles, was man bereits erreicht hat, ist vergessen, spielt kaum eine Rolle im Vergleich zu dem, was man noch nicht geschafft hat.

Positive Eigenschaften sehen

Daher ist es wichtig, sich immer wieder bewusst zu machen, welche wundervollen Eigenschaften der eigene Hund hat. Gerade wenn du mit einem Problem kämpfst, solltest du dir einmal die Zeit nehmen und positive Eigenschaften deines Hundes sowie tolle Erlebnisse mit ihm aufschreiben. Du wirst erstaunt sein, wie lang die Liste wird. Denn nicht umsonst hast du dich damals für deinen Hund entschieden. Hättest er schon zu Beginn keine positiven Eigenschaften oder liebenswerten Merkmale gehabt, hättest du ihn vermutlich auch nicht

Die kleine Terrier-Mischlingshündin Shila verzaubert alle Menschen mit ihrem charmanten und freundlichen Wesen und ist immer für einen Spaß zu haben.

in deine Familie aufgenommen. Denn wer will schon mit jemandem jahrelang eng zusammenleben, den er hässlich, abstoßend und offensichtlich einfach nur unmöglich findet?

Idealbild und Realität

Mach dir zuerst einmal bewusst, dass das Idealbild deines Hundes niemals mit der Realität übereinstimmen kann. Und mal Hand aufs Herz: Wäre das Leben mit dem perfekten Hund nicht viel zu langweilig? Denn dann hätten wir uns alle doch einfach nur Roboter anschaffen können. Ein Hund reagiert nicht immer so, wie wir es erwarten, aber genau das macht das Training und Zusammenleben erst spannend. Denn damit müssen auch wir Menschen geistig aktiv bleiben und uns immer wieder von neuem auf unseren Hund und auf die momentane Situation einstellen! Akzeptiere deinen Hund daher so wie er ist, mit all seinen Stärken und Schwächen. Hilf ihm dabei, sich zu entwickeln, aber lerne auch seine Grenzen kennen. Versuche auf keinen Fall, ihn zu biegen oder zu brechen, denn das, was seine Persönlichkeit ausmacht, wirst du nicht verändern können.

Probleme erkennen

Im Gespräch mit Martin werden die Ursachen für die Probleme im Alltag mit Australian Shepherd-Rüde Anton sichtbar – er hat nicht gelernt, zu warten.

1 Während des Gesprächs steht Anton nicht im Mittelpunkt, er bekommt keine Aufmerksamkeit von seiner Familie.

2 Frustriert beginnt er, in die Leine zu beißen, um durch Zerren die Aufmerksamkeit auf sich zu ziehen.

3 Da er immer noch keine Aufmerksamkeit bekommt, wird er deutlicher und springt den Vater der Familie an.

4 Seinen Frust darüber, dass die Familie seinen Wünschen nicht nachkommt, zeigt er nun auch durch Beißen in den Arm.

Probleme lösen

Auch der Mensch darf in der Beziehung Mensch-Hund nicht vergessen werden. Denn auch er ist ein Individuum mit Stärken und Schwächen. Dein Hundetrainer hat dir z. B. geraten, deinen Hund einige Zeit lang zu ignorieren. Und dann kommst du nach einem stressigen Arbeitstag nach Hause und brauchst einfach die gemeinsame Kuschelzeit mit deinem Hund auf dem Sofa ... Niemand ist perfekt, kein Mensch kann immer hundertprozentig funktionieren. Und auch Menschen haben Bedürfnisse, die sie gern erfüllt haben möchten. Ein gutes Hundetraining ist daher immer sowohl auf den Hund und dessen Eigenschaften und Bedürfnisse abgestimmt, als auch auf den Menschen. Es spricht also nichts dagegen, an Problemen zu arbeiten! Doch was ist überhaupt ein Problem?

Fallbeispiel: Missverständnis

Tina Bär kommt mit ihrem stark an der Leine ziehenden Hund zum ersten Termin auf den Hundetrainingsplatz. Der Hundetrainer begrüßt sie und ihren hechelnden Hund mit den Worten: „Ich sehe schon, wo das Problem liegt.“ Tina wundert sich, dass der Hundetrainer scheinbar hellseherische Fähigkeiten hat. Sie antwortet mit den Worten: „Ja genau, mein Hund soll endlich lernen, unsere Pferde nicht mehr zu jagen, wie haben Sie das denn erkannt?“ Nach einem kurzen Gespräch klärt sich das Missverständnis auf. Tina Bär wohnt auf einem Pferdehof in einer ländlichen Gegend. Der nächste Nachbar befindet sich mehrere Kilometer weit entfernt. Daher darf der Hund auf dem Hof frei laufen. Allerdings hat er seit kurzem begonnen, die Pferde auf der Weide zu jagen. (Wie sich später herausstellt, zeigt der Australian Shepherd einfach nur in ihm veranlagtes Hüteverhalten, das er auf der Pferdekoppel zeigt.) Mit der Leinenführigkeit hat Tina kein Problem, denn bis auf nur wenige Ausnahmen wie den jährlichen Besuch beim Tierarzt, muss der Hund nie an der Leine laufen. Und deshalb wurde die Leinenführigkeit auch nie mit dem Australian Shepherd trainiert.

Wichtig

Was ist ein Problem?

Ein Problem ist immer nur das, was im Miteinander stört. Ein Wachhund, der fremde Menschen auf dem Grundstück verbellt, ist sehr erwünscht. Würde der gleiche Hund im Haus bei einer großen Familie leben und jedes zu Besuch kommende Kind verbellen, gäbe es ein Problem. Damit ist klar: „Den Problemhund an sich“ gibt es eigentlich gar nicht. Problematisch ist immer nur das, was vom Menschen als störend, als nicht passend für den Alltag, die Beziehung, das Umfeld, angesehen wird. Aus diesem Grund sprechen wir auch nicht von Problemen mit Hunden, sondern von un-erwünschtem Verhalten bzw. Verhaltensauffälligkeiten bei Hunden!

Für ein erfolgreiches Hundetraining müssen sich Hundetrainer und Hundehalter miteinander austauschen. Es müssen die Bedürfnisse in der Familie und beim Hund besprochen werden.

Australian Shepherd-Hündin Phoebe muss noch lernen, an lockerer Leine zu laufen.

Verhaltensauffälligkeit kontra Verhaltensstörung

Hunde, die mit dem Menschen zusammenleben, wurden in den sozialen Verband aufgenommen, um die Bedürfnisse und die Ansprüche des Menschen zu erfüllen, und das heute oftmals mehr als zu Beginn der Domestikation des Hundes. Hunde können ihre Bedürfnisse nicht frei ausleben. Sie dürfen weder unbegrenzt jagen, noch selbst über sexuelle und soziale Kontakte entscheiden und auch kein Territorium ihr Eigen nennen. Sie sind auf den Menschen angewiesen, der über das Leben der Hunde verfügen kann. Bei domestizierten Tieren ist der Begriff „artgerecht" damit eigentlich paradox.

Verhaltensauffälligkeit

Dennoch sollte ganz allgemein in der Tierhaltung die Verantwortung für ein Lebewesen den Menschen dazu bringen, der Tierart so gerecht wie möglich zu werden. Im Zusammenleben mit dem Menschen in nur teilweise artgerechter Haltung entwickeln sich jedoch „Sonderformen" bestimmter Verhaltensweisen. Oft entsteht oder entwickelt sich ein solches Verhalten aus einem Funktionskreis heraus, das Verhalten hatte also ursprünglich eine biologische Funktion. Durch verschiedene Ursachen bleibt eine „sonderbare", das heißt z. B. verstärkte, antrainierte oder verminderte Verhaltensweise bestehen. Entspricht das nun entstandene Verhalten nicht den Vorstellungen des Menschen, wird es unangebrachtes arttypisches Verhalten genannt, der Hund zeigt eine Verhaltensauffälligkeit.

So verändert sich beim Hund z. B. das aus dem Funktionskreis des Nahrungserwerbs kommende Verhalten des Milchtritts zum fordernden Stupsen mit der Pfote. Der Welpe tritt mit der Pfote gegen die Zitze der Hündin. Dadurch wird der Milchfluss angeregt und der Welpe bekommt Nahrung. Dieses Verhalten, also das Treten mit der Pfote, setzen viele Hunde später ein, wenn sie etwas bei ihrem Menschen einfordern möchten, sei es ein Leckerli, eine Streicheleinheit oder etwa ein Spiel. Wenn nun der Mensch diesen Forderungen des Hundes immer nachkommt, wird das Verhalten verstärkt und kann sich so zu einem sehr lästigen, unangebrachten – aber eben immer noch arttypischen – Verhalten des Hundes entwickeln, der Hund ist verhaltensauffällig!

Verhaltensabweichung

„Verhaltensabweichungen werden als Besonderheiten definiert, die den Tieren eine Anpassung an besondere Umweltbelastungen ohne Entwicklung neurotischer Symptome ermöglicht." (Feddersen-Petersen, Hunde-Revue „Ethologie", 1995) Es kann unter bestimmten Lebensumständen für Hunde schwierig sein, sich ihrer Umgebung anzupassen. Als eine Verhaltensauffälligkeit bzw. Verhaltensabweichung bezeichnen wir daher ein Verhalten, das einer Verhaltensstörung nicht zugeordnet werden kann, da es durch eine Umgestaltung der Lebensumstände verändert bzw. abgestellt werden kann.

Unangebrachtes arttypisches Verhalten beim Hund wird vom sozialen Umfeld nicht akzeptiert, da es lästig, unerwünscht oder gefährlich sein kann. Zu den unerwünschten Verhaltensweisen gehören beispielsweise Anspringen, häufiges Bellen, Fressen von Kot oder verschiedene Formen der Aggression. Diese Verhaltensweisen müssen deutlich von der Verhaltensstörung abgegrenzt werden. Der Unterschied liegt darin, dass diese Verhaltensweisen vollkommen arttypisch, also „normal" sind!

Verhaltensstörung

Gehört ein Verhalten nicht mehr zum Verhaltensrepertoire eines Tieres oder ist ein Verhalten nicht mehr biologisch funktional, kann von einer Verhaltensstörung gesprochen werden. Ein solches Verhalten läuft nicht mehr zweckgebunden ab. Wird ein Lebewesen durch Krankheit, Schock oder Trauma in seiner Entwicklung so stark geschädigt, dass der Organismus sich an das Umfeld nicht mehr

Die fünf Monate alte Große Schweizer Sennenhündin Emmy hat noch nicht gelernt, dass sie mit Betteln keinen Erfolg hat und so keine Leckerlis bekommt.

anpassen kann oder mit dem Umfeld nicht mehr zurechtkommt, kann ebenfalls von einer Verhaltensstörung gesprochen werden. „Man kann sagen, dass bei echten Verhaltensstörungen das Verhalten nicht mehr zweckgebunden abläuft. Ab wann aber ein Verhalten aus dem normalen Verhaltensrepertoire nun als Verhaltensstörung gelten muss oder kann, lässt sich nicht eindeutig definieren. Übergänge von normalem zu gestörtem Verhalten laufen oft nicht eindeutig ab." (Schöning, 2001)

Bei Verhaltensstörungen unterscheidet man verschiedene Verhaltensmuster, dazu gehören z. B. Stereotypien, Verlust bestimmter Verhaltensmuster, Apathie/Depressionen sowie Reizempfänglichkeit.

Stereotypien

„Stereotypien sind monotone, periodische, ritualisierte, vermeintlich funktionslose Ersatzbewegungen, die Hunde (Tiere) wiederholt ausführen und die bis zur Selbstverstümmelung gehen können." (Luescher, Mc Keown und Halip, 1991; Literaturangaben bei Askew, 2003)

Bei Hunden findet man verschiedene Formen stereotypen Verhaltens wie z. B. Kauen von Füßen und Krallen, Flankensaugen, Lecken an fremden Gegenständen, Kratzen, Fixieren von bzw. Jagen nach nicht existierenden Objekten, Sich-selbst-Anknurren, Sich-um-sich-selbst-Drehen oder Mit-dem-Kopf-Pendeln.

Bella kommt aus einer Massenzucht. Sie hat kaum etwas kennengelernt, sodass sie schnell gestresst ist.

Verlust bestimmter Verhaltensmuster

Bedingt durch ein Trauma kann es vorkommen, dass Hunde sich nicht mehr entspannen, also kein Komfortverhalten wie z. B. Strecken, Räkeln, Schütteln, Fellpflege mehr zeigen. Ebenso kann Spielverhalten wegfallen, wenn die Lebensumstände eine bestimmte Form der Entspannung nicht mehr entstehen lassen. Bei der Apathie kann mit der Interesselosigkeit auch das Erkundungsverhalten wegfallen.

Apathie/Depression

Apathie entwickelt sich durch chronischen Stress, der z. B. durch Anpassungsschwierigkeiten des Hundes an eine Lebenssituation entsteht. Der chronische Stress führt zu physiologischen Veränderungen und zu Verhaltensänderungen. Die Symptome von Apathie sind Teilnahmslosigkeit, Interesselosigkeit, wenig bis kaum in Kontakt treten zur Umwelt, verlangsamte Bewegung bis zur Bewegungslosigkeit. Erstarren ist eine Funktionsstörung ohne das Vorhandensein von Lähmungen. Es kommen weitere Symptome wie z. B. Durchfall, Erbrechen, hohe Fluchtbereitschaft und nächtliche Unruhe hinzu (vgl. Feddersen-Petersen, 2004).

Apathische Hunde werden selten zum Training gebracht, denn sie verhalten sich unauffällig und machen ihrem Halter kaum Probleme. Zeigen sich organische Auffälligkeiten, werden solche Hunde eher von Tierärzten behandelt.

Reizempfänglichkeit

Bei reizempfänglichen oder sehr sensiblen (hypersensiblen) Hunden können normale Alltagsreize zu chronischem Stress führen, was physiologische Veränderungen und Verhaltensänderungen hervorruft. Symptome können ständige Unruhe, Schlafstörungen oder Abmagerung sein.

Vorbeugen ist besser als behandeln

Um bei Hunden die Entstehung von Verhaltensstörungen oder auch Verhaltensauffälligkeiten zu verhindern, müssen die Grundbedürfnisse des Hundes befriedigt werden. Nur so ist eine normale Entwicklung überhaupt möglich.

Grundbedürfnisse des Hundes

Zuchtbedingungen und -ziele müssen sich an der Verhaltensforschung und deren Erkenntnissen orientieren. Sie müssen darauf ausgerichtet sein, dass Hunde sich ihrem Lebensumfeld anpassen können.

Da Hunde soziale Lebewesen sind, ist es wichtig, dass sie in sozialen Gruppen leben, die klar strukturiert sind. Innerhalb des sozialen Verbandes muss es eine sinnvolle Aufgabenteilung geben, die dem Hund keine Aufgaben überträgt, mit denen er überfordert ist.

Neben dem Kontakt innerhalb der sozialen Gruppe, die auch aus anderen Lebewesen, z. B. Menschen, bestehen kann, müssen Hunde Sozialkontakt zu Artgenossen haben.

Das Training bzw. die Erziehung muss sich an den Bedürfnissen und Veranlagungen des Hundes orientieren. Hierzu gehört auch die individuelle

Hunde brauchen Kontakt zu Artgenossen. Ein ausgelassenes Spiel gehört einfach zum Leben dazu.

Apportierspiele festigen die Mensch-Hund-Beziehung und befriedigen die jagdlichen Bedürfnisse des Hundes.

Wichtig

Bedürfnisse

- Zucht nach neuesten Erkenntnissen der Forschung
- Leben in sozialen Gruppen
- Kontakt zu Artgenossen
- Erziehung/Training entsprechend Bedürfnis/Veranlagung des Hundes
- Eingehen auf Körpersprache/Kommunikation des Hundes

Förderung der rassespezifischen Eigenschaften. Neben der körperlichen Auslastung ist eine geistige Beschäftigung unerlässlich!

Die Körpersprache und Kommunikation des Hundes muss beachtet bzw. vom Menschen erlernt werden. Es darf nicht zu einer Vermenschlichung des Hundes kommen.

Frühzeitige Symptomerkennung

Durch frühzeitiges Erkennen von Symptomen, die auf eventuell gerade entstehende Verhaltensprobleme hinweisen, können dem Hund und seinem Menschen viele Probleme erspart bleiben.

Mögliche Symptome, die auf Verhaltensstörungen/Verhaltensauffälligkeiten hinweisen:

- Häufiger Durchfall oder oft weicher Kot/ständiges Erbrechen
- Veränderte Flüssigkeits- oder Nahrungsaufnahme: reduziert, vermehrt, abartig
- Nicht-zur-Ruhe-Kommen: im Haus oder draußen
- Unausgeglichenheit: Verhaltensschwankungen, wie z. B. häufiger und schneller Wechsel von Apathie zu Reizempfänglichkeit oder von Freundlichkeit zu Aggression
- Lautäußerungen, die einer Situation nicht angemessen sind: übersteigertes Bellen, Jaulen oder Heulen
- Unvermögen, sich zu konzentrieren: Beim Training sind hier z. B. keine langen, ruhigen Übungen möglich, aber auch die Gesamttrainingszeit muss stark reduziert werden.
- Veränderung des Körperpflegeverhaltens: reduziert, vermehrt, autoaggressiv
- Übersteigertes Jagdverhalten: Fixieren oder Jagen von nicht existenten Objekten
- Stereotype Bewegungsmuster: z. B. ununterbrochenes Auf-einer-Stelle-Springen, Kopf-Pendeln, Im-Kreis-Drehen, In-die-Rute-Beißen

Natürlich ist ein Hund nun nicht direkt verhaltensgestört bzw. verhaltensauffällig, wenn er ab und an eines dieser Symptome zeigt. So können Durchfall und Erbrechen auch einfach nur durch ein Virus verursacht werden und auf eine Magen-Darm-Erkrankung hinweisen. Junge Hunde, die manchmal nicht wissen, wohin mit ihrer Kraft, zeigen das „Sich-im-Kreis-Drehen" oder „Rute-Fangen" auch häufig nur, um Stress abzubauen. Einige Rassen bellen häufiger, weil dieses Verhalten durch Zuchtauslese bewusst verstärkt wurde und damit wiederum zum „Normalverhalten" wird. Fixieren von Beute wird bei vielen Hunden unbewusst durch den Menschen verstärkt. Das lustige Spiel mit dem Laserpointer, bei dem der Hund den Laserstrahl verfolgen soll, führt z. B. oft dazu, dass der Hund auch auf Lichtreflexe durch Sonneneinstrahlung mit Fixieren reagiert.

Dennoch solltest du deinen Hund genau beobachten, wenn du eines dieser Anzeichen bemerkst. Zeigt dein Hund das Verhalten wiederholt? Sind gar mehrere Anzeichen erkennbar? Ist dein Hund im Augenblick des gezeigten Verhaltens nicht mehr ansprechbar oder kannst du das Verhalten noch durch Ansprechen oder Aufforderung zu einer alternativen Handlung unterbrechen? Gerade wenn es zu einer Häufung dieser Symptome kommt, diese ständig und ohne die Möglichkeit einer Unterbrechung gezeigt werden, solltest du in jedem Fall professionelle Hilfe in einer Hundeschule suchen.

Therapieverlauf bei Verhaltensauffälligkeiten

Im Hundetraining ist die Verhaltenstherapie eine Verhaltensberatung für den Menschen, die in der Regel zu einer Verhaltensänderung des Menschen führen soll, um damit eine Verhaltensänderung beim Hund zu bewirken. In einem speziell auf das Mensch-Hund-Team und dessen Bedürfnisse bzw. dessen Alltag abgestimmten Training soll der Hund innerhalb seiner Möglichkeiten lernen, sich anzupassen. Das Team Mensch-Hund steht dabei im Vordergrund, die Förderung der Mensch-Hund-Beziehung ist einer der wichtigsten Aspekte bei den unterschiedlichen Trainingseinheiten.

Anamnese / Erstgespräch

In einem ersten Gespräch wird sich der Hundetrainer ein genaues Bild vom Hund und seinem Menschen machen. An erster Stelle steht dabei natürlich eine möglichst genaue Beschreibung des Problems bzw. des unerwünschten Verhaltens durch den Hundehalter. Dieser soll beschreiben, welches Verhalten im Zusammenleben mit seinem Hund für ihn problematisch ist und welches Ziel er sich wünscht. Es ist wichtig, bereits zu Beginn das Ziel des Trainings genau zu definieren, damit es nicht zu Enttäuschungen beim Hundehalter kommt. Der Hundetrainer wird im Anschluss an die Problemerfassung bzw. Definition des Trainingsziels weitere Fragen zum Hund in Bezug auf den Alltag, den Umgang des Hundes mit fremden Menschen und Artgenossen, sowie bisherigen – das unerwünschte Verhalten betreffenden – Erfahrungen des Hundes und gegebenenfalls bereits erfolgten Trainingsmaßnahmen stellen. Zudem wird er Hund und Halter im gemeinsamen Umgang miteinander beobachten, um weitere Informationen bezüglich der Beziehung zwischen Mensch und Hund zu erhalten. Im Anschluss daran folgt – wenn möglich – eine Beobachtung des Hundes in der Situation, in der das unerwünschte Verhalten auftritt. Ist diese Beobachtung nicht möglich, da die Situation nicht adäquat nachgestellt werden kann oder sie für Hund und Halter oder andere beteiligte Lebewesen zu

Die vertrauensvolle Beziehung zwischen Mensch und Hund steht beim Hundetraining im Vordergrund.

DOGS Coach Heike Kleinhans bespricht beim ersten Termin, welche Wünsche die Familie im weiteren Training mit der Großen Schweizer Sennenhündin Emmy hat.

gefährlich wäre, erfolgt eine Beobachtung in ähnlichen, aber weniger gefährlichen Situationen. Möglich ist auch, dass der Halter des Hundes das unerwünschte Verhalten filmt und diese Aufnahmen dem Hundetrainer zeigt.

Ursache des Verhaltens

Alle diese Maßnahmen dienen dazu, die Ursache für das unerwünschte Verhalten des Hundes zu ermitteln, denn ein Training bei unerwünschtem Verhalten sollte nicht nur darauf ausgerichtet sein, Symptome abzustellen. Der Halter des Hundes ist dann zwar erst einmal zufrieden, der Hund zeigt das Verhalten, zumindest erst einmal, nicht mehr. Wenn die Ursache für das unerwünschte Verhalten jedoch nicht beseitigt wurde, wird der Hund entweder nach einer kurzen Zeit erneut dieses Verhalten zeigen oder aber, da er weiß, dass es eigentlich unerwünscht ist, ein anderes, in der Regel ebenfalls unerwünschtes, Verhalten. Häufig zeigen diese Hunde dann auch Anzeichen einer echten Verhaltensstörung wie z. B. autoaggressives Verhalten, indem sie sich die Pfoten aufbeißen und Stellen im Fell blutig lecken, oder aber auch Apathie und Einstellen von Spiel- und Komfortverhalten. In diesen Fällen ist der Halter zwar zufrieden, da der Hund das unerwünschte Verhalten nicht weiter zeigt, der Hund leidet jedoch weiter, häufig still und vom Menschen unbemerkt. Daher ist es wichtig, die Ursachen für ein unerwünschtes Verhalten herauszufinden, um so einen auf das Mensch-Hund-Team passenden Trainingsplan erstellen zu können, der sowohl die gezeigten Symptome als auch die Ursachen berücksichtigt und somit zu einem dauerhaften Erfolg führt.

Wichtig

Therapiegespräch

- Problembeschreibung
- Definition des Trainingsziels
- Befragung des Halters zum Umfeld des Hundes
- Beobachtung Umgang Mensch-Hund
- Beobachtung des Hundes während des unerwünschten Verhaltens
- Erstellen eines Trainingsplans in Bezug auf Symptome und Ursachen

Medizinische Abklärung

Bei Verhaltensauffälligkeiten oder -störungen muss immer zunächst einmal eine medizinische Abklärung durch den Tierarzt erfolgen, auch wenn nur selten eine rein medizinische Ursache Auslöser für ein unerwünschtes Verhalten oder eine Verhaltensstörung ist. So kann starke Reizempfänglichkeit mit gesteigertem aggressivem Verhalten z. B. durch einen Hirntumor ausgelöst werden. Falls eine Operation noch möglich ist, wird sich nach dieser das Verhalten des Hundes deutlich ändern. Auch Probleme mit der Schilddrüse können zu starken Verhaltensauffälligkeiten führen. Hier hilft die lebenslange Einnahme eines Medikamentes, eine weitere verhaltenstherapeutische Behandlung ist in der Regel nicht mehr notwendig. Bei einigen Verhaltensauffälligkeiten bei Hunden kann aber auch eine begleitende medikamentöse Therapie mit Psychopharmaka notwendig werden. Das folgende verhaltenstherapeutische Training kann dann auf die Diagnose bzw. die medizinische Behandlung abgestimmt werden.

Therapie mit Psychopharmaka

Früher bestand für Tierärzte keine Notwendigkeit, Verhaltensprobleme bei Hunden mit Psychopharmaka zu behandeln. Durch ihren Status als Arbeitstier, also z. B. Hof- oder Hütehund, wurde der Behandlung von Verhaltensproblemen keine Bedeutung zugemessen. Traten Probleme auf, verhielt der Hund sich nicht wie erwünscht, wurde er „entsorgt", also z. B. erschossen, erschlagen oder eingeschläfert. Der Kauf eines neuen Hundes war zum einen wirtschaftlicher, zum anderen aber auch einfacher.

Erst durch den Status als Sozialpartner wurde die Verhaltenstherapie für Haustiere interessant und mit ihr auch die Verwendung von Psychopharmaka.

Allerdings sollten Verhaltensprobleme niemals ausschließlich medikamentös behandelt werden! Ein unerwünschtes Verhalten wie z. B. ausgeprägte Ängstlichkeit wird durch Psychopharmaka lediglich gedämpft oder unterdrückt, ohne begleitende Verhaltenstherapie kann in der Regel keine dauerhafte Veränderung des Verhaltens erreicht werden. Jedoch kann die Anwendung von Psychopharmaka gerade im Bereich der Bewältigung von Angsttraumata nötig werden, da ohne sie der Hund nicht in der Lage ist, neue Strategien zu erlernen. Hat der Hund z. B. starke Ängste, kann man diese mithilfe von Psychopharmaka dämpfen, um dem Hund das Erlernen alternativer Verhaltensweisen zu ermöglichen. Dann werden Schritt für Schritt die Medikamente abgesetzt, bis der Hund auch ohne sie die neuen Strategien anwenden kann. Sinnvolle Ergänzung zu einer Verhaltenstherapie sind Psychopharmaka daher bei Ängsten, Phobien und Traumata, bei sehr reizempfänglichen Hunden, bei Dauerstress oder bei Hunden, die nicht mehr ansprechbar sind und bei denen ein Trainingsansatz sonst kaum zu finden ist.

Modifikation der Umgebung

Unerwünschtes Verhalten des Hundes entsteht oft durch nicht erfüllte Bedürfnisse oder unpassende Haltungsbedingungen. Ein Hund, der den ganzen Tag allein im Zwinger verbringen muss, kann seine Bedürfnisse nach dem Leben im Sozialverband und Kontakt zu anderen sozialen Lebewesen nicht erfüllen. Wird der Hund ins Haus geholt, sodass er am Leben der Familie ausreichend teilnehmen kann, können sich unerwünschte Verhaltensweisen allein durch diese Veränderung reduzieren oder sogar ganz einstellen. Hat ein Hund im Zwinger z. B. den ganzen Tag durchgehend gebellt, egal ob sich Menschen dem Grundstück nähern oder nicht, und damit seine Halter sowie die gesamte Nachbarschaft viele Nerven gekostet, können sich dadurch, dass der Hund z. B. nicht mehr den ganzen Tag im Zwinger oder allein im Garten bleibt, sondern mit ins Haus darf, Verhaltensänderungen einstellen. In Bezug auf die Haltungsbedingungen müssen bei einer ersten Analyse daher sämtliche örtliche Gegebenheiten betrachtet werden. Dazu gehört z. B. der Liegeplatz des Hundes, die Futter- bzw. Wasserstelle, aber auch der Besitz von Ressourcen.

Die Strichliste zeigt deutlich, wer hier wen bewegt: Reina fordert Marion häufig zu einer Aktivität auf.

Umfeld anpassen

Ein Hund, der aggressives Verhalten gegenüber Besuchern zeigt, sollte z. B. einen strategisch eher ungünstigen Liegeplatz haben. Ein Körbchen im Flur, bei dem er alle Bewegungen der Familienmitglieder beobachten kann und ankommende Besucher sofort registriert, ist daher eher ungeeignet. Mit der Zuweisung eines solchen Liegeplatzes wird ein so veranlagter Hund erst recht zum Wächter gemacht, er bekommt aus seiner Sicht die Aufgabe des Torwärters regelrecht zugewiesen. Verteidigt ein Hund Beute gegenüber den Familienmitgliedern, sollte Beute nicht frei zugänglich für den Hund sein. Denn so ergeben sich häufig unkontrollierbare Situationen, da man nie weiß, ob der Hund gerade eine Beute bewacht und daher aggressiv reagieren könnte, wenn man sich dem Hund nähert, oder nicht. Ein Hund, der aggressives Verhalten bei der Fütterung zeigt, sollte seinen Futterplatz in einer ruhigen Ecke haben. Der Flur eignet sich hier in der Regel weniger, auch wenn er der einzige geflieste Raum im Haus ist.

Je nach Problematik muss also das Umfeld des Hundes genauestens analysiert und gegebenenfalls in Bezug auf das jeweilige unerwünschte Verhalten angepasst werden.

Verhalten ändern seitens des Halters

Um unerwünschte Verhaltensweisen eines Hundes zu verändern, ist in der Regel eine Verhaltensänderung des Hundehalters und der gesamten Familie nötig. Schon kleinste Änderungen können viel bewirken, doch aus emotionalen Gründen oder aus Gewohnheit der Halter werden diese oft nicht, schlecht oder nur halbherzig umgesetzt. Hierzu gehören z. B. Veränderungen im Umgang mit dem Hund, also z. B. Forderungen des Hundes zu ignorieren, wie ihn z. B. nicht am Tisch zu füttern, ihn nicht zu streicheln oder auf das Sofa zu lassen, keine rauen Kampf- oder Zerrspiele durchzuführen, unerwünschtes Verhalten nicht unbewusst zu verstärken, Konfliktsituationen zu vermeiden.

Vielen Menschen fällt gar nicht auf, wie oft ihr Hund ihr Handeln bestimmt.

Natürlich fällt es vielen Menschen z. B. schwer, den Hund zu ignorieren. Wofür hat man denn überhaupt einen Hund in die Familie geholt, wenn man sich nun nicht mit ihm beschäftigen darf? Und natürlich soll ein Hund nicht den ganzen Tag komplett ignoriert werden, Sozialkontakt und Integration in die Familie sind für einen Hund wichtig. Dennoch kann es sein, dass in bestimmten Situationen dem Menschen im Zuge einer Verhaltenstherapie dazu geraten wird, den Hund zu ignorieren. Sei es, damit der Hund forderndes Verhalten einstellt, bei einer Begrüßung den Menschen nicht anspringt oder aber lernt, bei der Mahlzeit der Menschen nicht mehr nach Essen zu betteln. In diesen Fällen muss als erstes der Mensch lernen, sein Verhalten zu ändern.

Entscheidungen treffen

Vielen Menschen ist auch überhaupt nicht bewusst, wie häufig der Hund ihr eigenes Verhalten bestimmt. Hier hilft es oft, eine Strichliste zu machen. Wer bewegt wen? Wer agiert, wer reagiert? Bei jeder Aktion gibt es dann einen Strich beim Menschen oder beim Hund. Fällt die Liste sehr zu Gunsten des Hundes aus, besteht Handlungsbedarf. Denn offensichtlich ist es in dieser Beziehung der Hund, der die meisten Entscheidungen trifft. Wie soll sich ein Hund aber am Menschen orientieren und sich an dessen Regeln halten, wenn dieser gar kein souveräner Entscheidungsträger ist? Denn Hunde unterscheiden nicht zwischen dem Alltag im Haus und wichtigen Situationen draußen.

Beziehungsaufbau

„Ignoranz“ und „Entscheidungen treffen“ sind die wichtigsten Aspekte beim Beziehungsaufbau zwischen Mensch und Hund. Auch Hunde regeln untereinander viele angespannte Situationen durch Ignoranz. Wird der Junghund aufmüpfig, läuft der souveräne Althund zunächst einmal unbeeindruckt weiter und tut so, als hätte er weder den Junghund noch sein Verhalten bemerkt. Zudem lässt sich der Althund nicht durch jede Spielaufforderung des Junghundes aus der Reserve locken. Oft bleibt er einfach entspannt auf seinem Liegeplatz liegen und reagiert gar nicht. Natürlich gibt es auch immer wieder einmal Situationen, in denen er auf eine Spielaufforderung eingeht oder sogar selbst ein Spiel mit dem Junghund initiiert. Denn Spiel und soziale Kommunikation sind wichtig für den Bindungsaufbau. Nur wer sich miteinander beschäftigt, wer gemeinsam Dinge erlebt, dabei aber auch Grenzen des Partners kennenlernt, kann eine gute Beziehung zu dem anderen aufbauen.

Mein Tipp

Souveräner Partner

Auch wenn es dir schwerfallen sollte, sei der souveräne Partner in der Beziehung zu deinem Hund. Triff du die meisten Entscheidungen, sei eher fürsorglich und ignorant als strafend und aufbrausend. Beschäftige dich mit deinem Hund, unternimm mit ihm gemeinsame Aktivitäten und lass bei einem entspannten Spiel durchaus auch einmal Fünfe gerade sein. Viel mehr musst du gar nicht machen, um eine gute Beziehung zu deinem Hund aufzubauen.

Lernverhalten des Hundes

Eine Veränderung des Hundeverhaltens wird über ein auf das jeweils unerwünschte Verhalten abgestimmtes Training auf der Grundlage von lerntheoretischen Prinzipien erreicht. Grundsätzlich gibt es verschiedene Möglichkeiten der Verhaltensmodifikation.

Klassische Konditionierung

Bei der klassischen Konditionierung wird ein neuer Auslöser für ein Verhalten erlernt. Ursprünglich bezieht sich die Theorie der klassischen Konditionierung dabei nur auf angeborene Reflexe des Hundes wie z. B. das Speicheln. Entdeckt wurde diese Lerntheorie bei einem Laborversuch durch Iwan Pawlow (1849 – 1936). Hunde beginnen beim Anblick von Futter zu speicheln. Das Futter als ungelernter Reiz löst also das Speicheln als ungelernten Reflex, als ungelernte Reaktion aus, hierfür ist somit kein Lernprozess notwendig. Bei der klassischen Konditionierung wird das Futter jetzt immer in Verbindung mit einem weiteren, bisher neutralen Reiz wie z. B. dem Ton einer Glocke, der bisher eine neutrale, also unspezifische Reaktion wie z. B. „mal Aufschauen, mal Ignorieren" ausgelöst hat, verknüpft. Nach der Konditionierung wirkt der Ton der Glocke als gelernter Reiz, auf den eine gelernte Reaktion erfolgt, der Hund beginnt beim Ton der Glocke zu speicheln, auch wenn er kein Futter sehen oder riechen kann. Daher eignet sich diese Methode gut, um dem Hund neue Signale beizubringen. Dabei wird dann z. B. ein Verhalten, das mithilfe der operanten Konditionierung aufgebaut wurde, mit einem neuen Signal, also einem Hör- und/oder Sichtzeichen verknüpft. Nach einigen Wiederholungen hat der Hund das neue Signal als Auslöser für das Verhalten gelernt.

Shadow hat gelernt, dass der erhobene Finger das Signal für ihn ist, sich hinzusetzen.

Nachdem Shadow sich hingesetzt hat, bekommt er eine Belohnung, das Verhalten wird positiv verstärkt.

Operante Konditionierung

Hier bestimmen die Folgen, die auf ein Verhalten des Hundes erfolgen, ob ein Hund das gezeigte Verhalten in Zukunft häufiger zeigen wird oder nicht.

Positive Verstärkung

Am häufigsten findet bei der Verhaltensmodifikation die positive Verstärkung Anwendung. Hierbei wird nach einem gezeigten Verhalten eine für den Hund angenehme Folge hinzugefügt. Der Hund wird das gezeigte Verhalten dadurch in Zukunft häufiger zeigen.

Beispiel: Nachdem der Hund sich hingesetzt hat, erhält er eine Futterbelohnung, die er gern mag. Der Hund wird sich künftig – in Erwartung einer weiteren Futterbelohnung – häufiger hinsetzen.

Negative Bestrafung

Weiterhin wird die negative Bestrafung häufiger eingesetzt. Hierbei wird nach einem gezeigten Verhalten eine für den Hund angenehme Folge entzogen. Der Hund wird das gezeigte Verhalten dadurch in Zukunft nicht mehr so oft zeigen.

Beispiel: Nachdem der Hund den Menschen anbellt, damit dieser den geliebten Ball wirft, steckt der Mensch diesen in die Tasche und ignoriert den Hund. Der Hund bekommt also weder den Ball noch die Aufmerksamkeit seines Menschen, was er beides gern gehabt hätte. Der Hund wird den Menschen künftig nicht mehr so oft anbellen, wenn dieser den Ball herausholt.

Positive Bestrafung

Seltener wird die positive Bestrafung eingesetzt. Hierbei wird nach einem gezeigten Verhalten eine für den Hund unangenehme Folge hinzugefügt. Der Hund wird das gezeigte Verhalten dadurch in Zukunft nicht mehr so oft zeigen.

Beispiel: Nachdem der Hund einen anderen Hund anbellt, schimpft der Mensch mit ihm, was dem Hund unangenehm ist. Der Hund wird künftig – in Erwartung einer weiteren Bestrafung – nicht mehr so oft andere Hunde anbellen.

Bedeutung „Positiv" und „Negativ"

Bei der Bezeichnung der Lernformen darf man sich nicht von den Worten „Positiv" oder „Negativ" verunsichern lassen, denn mit diesen Worten wird lediglich ausgedrückt, ob eine Folge hinzugefügt oder weggenommen wird. Es wird damit keine Wertung im Sinne von „für den Hund angenehm oder unangenehm" ausgedrückt. Das Wort Bestrafung drückt dabei genauso wenig etwas Unangenehmes für den Hund aus wie das Wort Verstärkung etwas Angenehmes. Bei den beiden Lernformen der Bestrafung soll das vom Hund gezeigte Verhalten abgebaut werden, bei den Lernformen der Verstärkung soll das vom Hund gezeigte Verhalten aufgebaut werden. Die negative Verstärkung, bei der eine unangenehme Folge weggenommen wird, wenn der Hund ein erwünschtes Verhalten zeigt, wird selten eingesetzt, da der Hund der unangenehmen Folge nicht entgehen kann.

Othello bellt lautstark, damit Ulla den Gegenstand erneut wirft. Ulla ignoriert sein Verhalten.

Die Mischlingshündin Luna wird von Martin mit Futter belohnt.

Für Martins Hündin Emma dagegen, ist eine Schmuse- und Streicheleinheit die größte Belohnung.

Belohnungen auswählen

Belohnung ist nicht gleich Belohnung! Auch wenn du vielleicht denkst, mit der Leberwursttube das Highlight an möglichen Belohnungen für deinen Hund ausgewählt zu haben, muss sich diese Ansicht nicht mit der Auffassung deines Hundes decken. Eine Belohnung muss vom Hund auch als solche empfunden werden, damit sie wirksam ist. Wenn dein Hund also eher weniger verfressen ist, dafür aber umso lieber mit Beute spielt, kann es sein, dass eine Belohnung mit der Leberwursttube für ihn weniger reizvoll ist als ein im Anschluss an eine Übung durchgeführtes Beutespiel. Ob du dann die Beute wirfst und dein Hund hinterherflitzen darf oder ob du ihn mit einem Zerrspiel belohnst, hängt wiederum von den Eigenschaften und Vorlieben deines Hundes ab. Findet er Beute, die auf dem Boden liegt, langweilig, eignet sich vielleicht eher ein Zerrspiel. Dreht er durch die Zergelei so auf, dass er in deine Arme und Finger beißt, macht ein eher dosiertes Beutespiel in Form eines Apportierspiels mehr Sinn. Vielleicht ist für deinen Hund auch Sozialkontakt das Highlight? Dann ist es für ihn vermutlich das Größte, wenn du ihn lobst und dabei ausgiebig mit ihm schmust. Du musst einfach ausprobieren, mit welcher Belohnungsform du deinen Hund am ehesten motivieren kannst und eine sogenannte Belohnungshierarchie erstellen. So kannst du die jeweilige Belohnung immer angepasst an das jeweilige Training einsetzen. Für den Aufbau neuer Signale oder für einen Trainingsschritt, der deinem Hund besonders schwer fällt, gibt es dann eine besonders begehrte Belohnung, für ein einfaches Sitz ohne große Ablenkungen reicht bei einem Hund mit gutem Trainingsstand auch nur ein kurzes Lob.

Gegenkonditionierung

Eine Möglichkeit, ein Verhalten zu modifizieren, ist die Gegenkonditionierung. Hierbei konfrontiert man zwei Verhaltensabläufe, die nicht miteinander vereinbar sind.

So kann man z. B. einem Hund, der den Menschen anspringen will, das Verhalten „Sitz“ auf Signal beibringen. Das Verhalten muss dabei natürlich erst einmal außerhalb der problematischen

Jagdlich motivierte Hunde lieben häufig Apportierspiele. Für sie ist es das Größte, der Beute hinterherzujagen.

Situation erlernt werden, damit der Hund motiviert ist, es auch in einer Situation auszuführen, in der er eigentlich gerade den Menschen anspringen möchte. Der Hund hat also gelernt, sich auf das Signal „Sitz" hinzusetzen, da es dann eine ganz tolle Futterbelohnung gibt. Wird das Signal nun in einer Situation verlangt, in der der Hund den Menschen eigentlich anspringen möchte, wird er sich bei erfolgreicher Verknüpfung hinsetzen, anstatt den Menschen anzuspringen, da beide Verhaltensweisen nicht gleichzeitig ausführbar sind.

Die Verhaltensmodifikation wird aber nur dann erfolgreich sein, wenn zusätzlich zu der Trainingseinheit bezüglich des ritualisierten Verhaltens, also des Symptoms, die Ursache herausgefunden und im Rahmen des weiteren Trainings auch das Verhalten des Menschen verändert wird. So kann man zwar einem Hund beibringen, einen Gegenstand zu apportieren, anstatt an der Leine andere Hunde anzubellen. Bellt der Hund aus Angst andere Hunde an, wird die Motivation über das zu erhaltende Leckerchen aber niemals so groß sein, dass er sich für das Alternativverhalten entscheidet, wenn nicht parallel dazu das Vertrauen des Hundes in seinen Menschen gestärkt wurde. Es ist also immer eine Veränderung im Gesamten nötig, eine reine Symptombekämpfung dagegen würde die Ursache des Problems nicht lösen. Dies würde dazu führen, dass das Problem nach einiger Zeit doch wieder auftritt oder sich sogar neue Probleme in anderen Bereichen zeigen, da sich das Problem einfach nur verlagert. Im schlimmsten Fall zeigen sich die Probleme beim Hund selbst, z. B. durch autoaggressives Verhalten.

Reizüberflutung

Bei der Reizüberflutung werden von Beginn des Trainings an die Reize in maximaler Intensität dargeboten. Dies geschieht so lange, bis die Reaktionen, welche die Reize bisher hervorgerufen haben, ausbleiben. Beim Hund wird diese Trainingsform jedoch eher selten angewendet, da man den Hund nicht auf der kognitiven Ebene mithilfe der Sprache erreichen und ihm im Vorfeld die Therapie erklären kann, wie es bei der Behandlung von Menschen praktiziert wird. Der Mensch kann sich so im Vorfeld mit der Therapieform auseinandersetzen, ihm bleibt die Möglichkeit der kognitiven Verarbeitung. Zudem kann diese Form des Trainings negative Auswirkungen auf die Beziehung zwischen Mensch und Hund haben. Der Hund folgt vertrauensvoll seinem Menschen, der ihn dann in diese Situation bringt und ihn dort selbstständig „leiden" lässt. Das aber fördert nicht gerade das Vertrauen des Hundes zum Menschen! Der Hund hat bei dieser Therapieform außerdem keine Möglichkeit, den Vorgang zu stoppen. In der Humantherapie besteht diese Möglichkeit für den Patienten immer, er kann sich an seinen Therapeuten wenden und ihm mitteilen, dass er doch nicht in der Lage ist, diese Situation zu bewältigen. Um einen Therapieerfolg zu erreichen, muss man so lange mit dem Hund in der Situation bleiben, bis der Hund sich an die Reize gewöhnt hat. Geht man vorher aus der Situation heraus, verstärkt man eventuell vorhandene Ängste! Außerdem muss man hier klar Gewöhnung von Ermüdung abgrenzen, denn durch Ermüdung wird kein Lernprozess einsetzen! Dies ist aber nicht immer einfach zu erkennen.

Die sensible Kromfohrländer-Hündin Amy erschrickt draußen oft vor lauten Knallgeräuschen.

Habituation (Gewöhnung)

Habituation bedeutet Gewöhnung und stellt einen Lernprozess dar, der den Körper entlastet. Man gewöhnt sich beispielsweise an das Ticken einer Uhr oder an den Lärm der Züge einer Bahnlinie, wenn man lange genug in ihrer Nähe wohnt. Hierdurch hat der Organismus die Möglichkeit, sich auf die Reize zu konzentrieren, die von Bedeutung sind. Dies sind die Prinzipien der selektiven Wahrnehmung, die vor Reizüberflutung schützen. Gewöhnung vollzieht sich durch stetige Darbietung eines Reizes, wodurch die Reaktion, die er ursprünglich ausgelöst hat, letztlich ausbleibt.

„Von Gewöhnung kann man erst dann sprechen, wenn eine Reaktionsverringerung eintritt, obwohl das Tier in der Lage wäre, weiterhin in gleichem Ausmaß zu reagieren" (O'Heare, 2003). Dies macht den Unterschied zu der Ermüdung deutlich, durch die eine Verhaltensänderung eintreten kann, die nicht auf Lernmechanismen beruht. Außerdem ist Gewöhnung immer reizspezifisch, es wird also ein spezieller Reiz ausgeblendet. Es kann allerdings eine Form der Generalisierung eintreten, sodass mehrere ähnliche Reize dem Gewohnheitseffekt unterliegen.

Bei dieser Trainingsmethode ist zu beachten, dass die Reize dosiert dargeboten werden. Der Reiz wird immer nur so lange gesteigert, bis man eine Reaktion des Hundes bemerkt. Dann folgt erst wieder eine Phase der Gewöhnung, bis der Reiz weiter gesteigert wird. Dadurch unterscheidet sich dieses Training von den Prinzipien der Reizüberflutung.

Damit folgt man beim Training mithilfe der Habituation zudem dem Lernprinzip der systematischen Desensibilisierung.

Systematische Desensibilisierung

Bei Verhaltensstörungen und -auffälligkeiten ist dieser therapeutische Weg einer der Wichtigsten. Bei dieser Trainingsform erfolgt das Training z. B. mithilfe einer Gegenkonditionierung oder aber Habituation nicht direkt mit dem vollen Reiz, der Reiz wird im Verlauf des Trainings immer weiter gesteigert.

Ein Hund, der sich bei Knallgeräuschen erschrickt, kann z. B. mithilfe dieser Trainingsform an Knallgeräusche gewöhnt werden. Läuft der Hund bei einem Knall vom Menschen weg, um sich zu verstecken, lernt er zu Beginn des Trainings eine alternative Beschäftigungsform, die mit Weglaufen nicht vereinbar ist. Dazu eignet sich z. B. ein Apportiertraining, bei dem der Hund eine Beute zum Menschen bringen muss, um dafür eine Belohnung zu erhalten. Funktioniert dieses Training auch bei leichter Ablenkung, wird – während der Hund mit der Beute auf dem Weg zum Menschen ist – ein Knallgeräusch erzeugt, z. B. das Platzen einer Papiertüte. Der Helfer mit Papiertüte steht dabei anfangs noch in weiter Entfernung. Diese muss so gewählt sein, dass der Hund den Knall zwar bemerkt, das Apportiertraining mit seinem Menschen aber weiterhin durchführt. Nun trainiert man so lange in dieser Distanz, bis der Hund nicht mehr auf das Knallgeräusch reagiert, bis er sich also daran gewöhnt hat. Schritt für Schritt wird dann der Helfer mit Papiertüte immer näher am Hund

Während des Trainings mit dem Futterbeutel wird Amy an Knallgeräusche gewöhnt.

Anfangs steht Martin noch weit entfernt, im Laufe des Trainings kommt er immer näher.

stehen, sodass das Geräusch immer lauter wird. Danach kann der Hund lernen, zu generalisieren, indem man ihn an unterschiedliche Knallgeräusche gewöhnt wie z. B. das Geräusch einer Knallerbse.

Korrektur

Eine weitere Möglichkeit der Verhaltensmodifikation ist die Korrektur. Bei Verhaltensstörungen oder -auffälligkeiten muss bei einer Korrektur aber vorher sehr genau bedacht werden, „wer“ diese „wann“ vornimmt. Wird für den Hund dabei eine Stress- beziehungsweise Konfliktsituation noch ambivalenter, wird der Hund in seinem Umfeld also noch stärker verunsichert, kann eine Korrektur kontraindiziert sein.

Bei autoaggressivem Verhalten oder Stereotypien kann es aber z. B. am Ende einer Therapie vorkommen, dass der Ansatz eines Verhaltensmusters in Form einer Korrektur gestoppt wird. Hierbei kann schon ein Fixieren durch den Menschen ausreichen, es kann aber auch eine körperliche Korrektur, z. B. über einen Schnauzgriff, erfolgen.

Eine Korrektur muss immer angemessen sein, darf also nicht zu stark sein, sodass sie den Hund verunsichert, aber auch nicht zu schwach, sodass der Mensch immer wieder und immer stärker korrigieren müsste. Sie muss zudem zum richtigen Zeitpunkt erfolgen, damit der Hund die Strafe überhaupt mit dem Verhalten verknüpfen kann. Zudem müssen umgebende Faktoren bedacht werden, damit der Hund nicht unerwünschte Verknüpfungen zieht. Kommt im Augenblick der Korrektur z. B. gerade ein Kind schreiend um die Ecke gerannt, kann der Hund die Korrektur mit dem schreienden Kind verknüpfen, anstatt mit dem gerade von ihm ausgeführten, vom Menschen unerwünschten, Verhalten. Zukünftig wird er dann unter Umständen Kinder meiden, das unerwünschte Verhalten aber weiter zeigen. Gerade in Bezug auf den Einsatz von Korrekturen solltest du daher immer einen professionellen Hundetrainer hinzuziehen. Dieser kann entscheiden, ob eine Korrektur deines Hundes sinnvoll ist, bzw. welche Art der Korrektur wie zur Anwendung kommen soll.

Problemverhalten im Haus

Hunde leben in Gruppen und Familienverbänden, in denen der Zusammenhalt und das gemeinsame Miteinander von großer Bedeutung sind.

Auch wenn Hunde in der Wildnis nicht in Häusern leben, unterteilen sie ihren Lebensbereich doch in einen Kernraum, in dem geruht wird und wo die Welpenaufzucht stattfindet, und in einen Aktionsraum, in dem gespielt und gejagt wird. Daher fügt sich der Haushund in der Regel problemlos in unser zivilisiertes Leben ein. Er akzeptiert den menschlichen Sozialpartner als „Ersatzfamilie" und passt sich schnell an die dort herrschenden Bedingungen und Regeln an. Das Haus wird zum Kernbereich unseres Hundes, der tägliche Spaziergang im Park oder in den Feldern bietet die Möglichkeit, den Aktionsraum zu erkunden. Dabei stehen jagdliche Aktivitäten wie das Verfolgen von Spuren oder das Spiel mit dem Ball im Vordergrund. Es wird Kontakt mit Artgenossen aufgenommen oder auch nur erschnüffelt, wer sich in der letzten Zeit hier alles aufgehalten hat. Der Garten bildet einen Übergangsbereich, nicht mehr ganz Kernraum, aber auch noch nicht Aktionsraum, sodass sich die Aktivitäten – Ruhe und Dynamik – hier oft vermischen. Da der Garten meist umzäunt ist und somit nicht einfach von fremden Menschen oder Hunden betreten werden kann, zählt er aus Sicht unseres Hundes in der Regel mit zum Kernraum.

Eigenschaften des Hundes

Probleme, die sich im Zusammenleben mit unserem Hund im Haus, also im Kernraum, ergeben, sind für uns oft sehr belastend. Denn zu Hause möchte man sich entspannen, sich wohlfühlen und nicht ständig aufpassen und angespannt sein. Wir Menschen erwarten, dass sich der Hund in unser Leben zu Hause einfügt. Gibt es Probleme, ist die Bereitschaft, auf Dauer mit Einschränkungen der eigenen Bedürfnisse zu leben, eher gering.

Weiße Schäferhunde sind territorial veranlagt, weshalb sie Haus und Garten häufig bewachen.

Daher sollten wir uns natürlich bereits vor der Anschaffung eines Hundes Gedanken darüber machen, welche Eigenschaften das künftige Familienmitglied haben sollte, und was wichtig ist, damit ein entspanntes Zusammenleben mit der Familie erfolgen kann. Vieles kann ein Hund natürlich in der ersten Zeit in der Familie lernen, dennoch sind bestimmte Charaktereigenschaften unveränderbar. Wer also im Mehrfamilienhaus wohnt, mit Nachbarn Tür an Tür, die auf ständiges Gebell eher genervt reagieren, sollte nicht unbedingt den territorialen Haus- und Hofhund aufnehmen, der jeden an der Wohnungstür vorbeilaufenden Hausbewohner oder Besucher lautstark ankündigen wird.

Zwingerhaltung ist keine Alternative

Die Alternative, den Hund gar nicht im Haus, sondern im Zwinger zu halten, ist aus Sicht des Hundes keine Lösung. Wie bereits beschrieben, möchten Hunde im Verband ihrer Familie oder Gruppe leben. Sie brauchen die Gemeinschaft ihrer Familie, das Zusammenleben, die soziale Ansprache und gemeinsame Beschäftigung. Sie müssen – und sollen! – nicht immer Mittelpunkt sein, aber wenn sie bei den Aktivitäten ihrer Familie dabei sein dürfen, sind sie zufrieden. Im Zwinger allein lebend verkümmern sie, fristen ein trauriges, einsames Dasein. Da reicht es dann auch nicht, wenn sie ein- oder zweimal am Tag für eine Stunde raus dürfen, im Aktionsraum spielen, schnüffeln und mit ihrem Menschen trainieren können. Denn das Leben des Hundes besteht eben nicht nur aus Aktion, aus Jagd und Bewegung, es besteht, und das sogar zu einem großen Teil, aus Ruhe, sozialer Interaktion und harmonischem Zusammenleben. Hunde, die diese Lebensbereiche nicht entsprechend befriedigen können, da sie allein im Zwinger leben, entwickeln oft Verhaltensstörungen wie Fliegen-Fangen, Pfoten-wund-Lecken oder Sich-im-Kreis-Drehen. Aber auch wenn Hunde zu zweit in einem Zwinger gehalten werden und somit zumindest das Bedürfnis nach sozialer Interaktion befriedigen können, schränkt die Zwingerhaltung den Hund doch sehr ein. Der Lebensraum im Zwinger ist sehr begrenzt und entspricht keinesfalls dem üblichen Kernraum eines Hundes. Die Möglichkeiten sind eingeschränkt, egal ob es darum geht, sich einmal zurückzuziehen und einen ruhigen Liegeplatz aufzusuchen, oder aber eine begehrte Leckerei in Ruhe zu verzehren. Auch wenn es mit Zwinger-Hunden natürlich keine Probleme „im Haus“ gibt, da sie ja nicht im Haus leben, ergeben sich stattdessen häufig vermehrt Probleme im Aktionsraum, also auf dem Spaziergang. Hier soll der Hund auf den Menschen achten, sich an ihm orientieren, auf Ruf kommen, Aktionen wie das Jagen von Wild abbrechen etc. Lebt der Hund jedoch nicht mit dem Menschen zusammen, hat er keine Möglichkeit, diesen als wirklichen Sozialpartner wahrzunehmen. Wie soll er lernen, sich am Menschen zu orientieren, wenn er diesen nur ein- oder zweimal am Tag für eine kurze Zeit erlebt und er in dieser dann auch noch zu einem großen Teil seinen eigenen Bedürfnissen wie Schnüffeln etc. nachgeht?

Wir bei DOGS lehnen die Zwingerhaltung daher ab, Hunde sollten immer als vollwertiger Sozialpartner mit dem Menschen zusammenleben, Tag und Nacht miteinander verbringen. Natürlich muss der Hund dazu nicht Bett und Sofa mit dem Menschen teilen. Dennoch sollte er seinen Platz im Alltag der Familie haben und soweit es möglich ist, in tägliche Aktivitäten mit eingebunden werden.

Regeln im Haus

Damit das Zusammenleben von Mensch und Hund auch im Haus entspannt verläuft, muss dein Hund sich anpassen und einige Regeln lernen. Und so individuell wie Hunde und eben auch Menschen sind, so individuell sind auch die Regeln im Zusammenleben. Daher könnten wir an dieser Stelle unendlich viele „Probleme“ auflisten, mit denen Menschen sich an uns in Bezug auf das Zusammenleben mit ihrem Hund im Haus gewandt haben, jedoch würde das leider den Rahmen dieses Buches sprengen. Viele Fragestellungen tauchen aber sehr häufig auf, sodass wir in diesem Buch die am meisten auftretenden unerwünschten Verhaltensweisen und deren Training beschreiben.

Die harmonische Beziehung zwischen Mensch und Hund zeigt sich vor allem durch ein entspanntes Miteinander im Alltag, zu Hause und unterwegs.

Hunde müssen lernen, sich in der Wohnung nicht zu lösen, weder weil sie müssen, noch um zu markieren, und sie müssen lernen, zumindest eine Zeitlang auch einmal allein bleiben zu können. Viele Menschen wünschen sich, dass ihr Hund sie oder auch Besuch beim Hereinkommen nicht anspringt. Zudem sollten sie Besuch ins Haus lassen und nicht verbellen. Generell ist übermäßiges Bellen im Haus in der Regel nicht erwünscht, denn hier will der Mensch entspannen und seine Ruhe haben. Hinzu kommt, dass die meisten von uns in unmittelbarer Nähe Nachbarn haben, die, gerade wenn sie nicht selbst Hundehalter sind, verständlicherweise über anhaltendes Hundegebell nicht sehr erfreut sind. Ärger mit den Nachbarn und eventuell auch mit den Behörden kann schnell eintreten.

Stubenunreinheit: Vielfältige Ursachen

Im Idealfall lernt der Welpe bereits beim Züchter, sich nicht einfach so in der Wohnung zu lösen. Zu Beginn seines Lebens kann der Welpe noch nicht selbstständig urinieren und koten. Er benötigt dazu die Hilfe von Mama, die mit der Zunge die Bauchregion leckt und durch diese Massage die Blasen- und Darmmuskulatur stimuliert. Urin und Kot werden dann von Mama aufgeleckt, sodass das Wurflager immer sauber ist.

Labrador-Hündin Lilyen leckt den Bauch des wenige Tage alten Welpen, um die Blase zu stimulieren.

Entwicklung beim Welpen

Ab der dritten Woche etwa kann der Welpe dann bereits selbstständig urinieren und Kot absetzen, der immer noch von der Mutterhündin aufgenommen wird. Gegen Ende der dritten Woche kann man bei ausreichend Platzangebot im Wurflager bereits beobachten, dass die Welpen vermehrt eine Stelle am Rand aufsuchen, um sich zu lösen. Somit wird deutlich, dass das Verhalten, sich nicht überall einfach so zu lösen, sondern einen bestimmten Ort aufzusuchen, bereits nach kurzer Zeit beim Welpen ohne besondere Lernvorgänge vorhanden ist. Hunde halten das eigene Lager sauber, dieses Verhalten ist angeboren.

Mit Ende der dritten Woche beginnt die Mutterhündin in der Natur den Welpen von ihr vorverdaute Nahrung vorzuwürgen. Zu diesem Zeitpunkt können die Welpen nun also auch vom Züchter z. B. mit Welpenbrei oder klein gehacktem Fleisch zugefüttert werden. Die Mutterhündin wird ab diesem Zeitpunkt den Kot der Welpen nicht mehr aufnehmen, und somit ist es nun Aufgabe des Züchters, das Wurflager sauber zu halten. Da die Welpen zu dieser Zeit bereits recht agil sind, sollte man nun das Wurflager erweitern und ihnen weiteren Raum zur Erkundung zur Verfügung stellen. Zudem beginnt nun der erste Schritt für das Erlernen der Stubenreinheit. Den Welpen sollte ein geeigneter Löseplatz zur Verfügung gestellt werden. Dies kann eine niedrige Kiste sein, die z. B. mit Rasenplatten oder Einstreu gefüllt ist. Der Vorteil der Rasenplatten ist natürlich, dass die Welpen direkt den richtigen Untergrund zum Lösen kennenlernen. Allerdings muss ein Vorrat an Rasenplatten angelegt werden, da diese im Laufe der nächsten Wochen oft ausgewechselt werden müssen. Als Einstreu eignet sich biologische Katzeneinstreu aus Pflanzenfasern, da diese im Magen des Welpen keine festen Klumpen bildet, falls die Welpen anfangs versuchen, die Einstreu zu fressen. Nun muss der Züchter die Welpen aufmerksam beobachten. Sobald diese aufwachen, muss er die Welpen in die Lösekiste setzen. Anfangs werden die Welpen erst einmal versuchen, aus der Kiste zu klettern. Nun heißt es geduldig sein und den Welpen sanft immer wieder zurück in die Kiste setzen. Schnell werden die Welpen lernen, wo der geeignete Platz zum Lösen ist und diesen mit ca. vier Wochen schon von sich aus aufsuchen. Geht es nun spätestens in der 5. Woche auch nach draußen, sodass die Welpen einen Auslauf mit Gras nutzen können, im Idealfall mit freiem Zugang auch nachts, alternativ sonst weiter mit Lösekiste im Haus, wird die neue Familie es später leicht mit dem Training der Stubenreinheit haben.

Der vier Wochen alte Labrador Retriever-Welpe sucht bereits eigenständig die Lösekiste zum Urinieren auf.

Wenn die Lernerfahrung fehlt

Schwieriger wird es, wenn der Welpe in den ersten Lebenswochen keine Möglichkeit hatte, die Stubenreinheit zu erlernen. Welpen, die in einem Stall oder in einem Kellerraum aufwachsen, ohne dass sie Zugang zum Garten oder einem Außengelände mit Rasen haben, werden sich in der ersten Zeit bei der neuen Familie noch häufig in der Wohnung lösen. Vor allem dann, wenn es im Aufzuchtraum nur Fliesen gab, und keine weichen, aufsaugenden Untergründe, kann es passieren, dass beim Welpen bereits eine Vorprägung auf solche Untergründe stattgefunden hat. Aus diesem Grund wird sich ein Welpe, der unter diesen Bedingungen aufgewachsen ist, oft auf den häufig im Haus vorhandenen Fliesen lösen, anstatt draußen auf dem Rasen. Normalerweise bevorzugt ein Hund immer einen weichen, saugfähigen Untergrund zum Urinieren. Denn so wird der Urin direkt vom Boden aufgenommen und der Hund muss nicht in der Urinpfütze stehen. Zudem spritzt der Urin nicht vom Boden hoch. Hat ein Hund jedoch in der ersten prägenden Lebensphase diese Erfahrung nicht machen können, wird ein Training auf andere Untergründe in jedem Fall zeitaufwendiger werden. Achte daher beim Kauf eines Welpen immer darauf, ihn nur bei einem seriösen Züchter zu kaufen. Denn nicht nur die Stubenreinheit kann zum Problem werden! Welpen, die die ersten Wochen nur im Keller oder Stall ohne viele Reize verbracht haben, zeigen häufig große Unsicherheiten im Alltag. Welpen müssen beim Züchter viele unterschiedliche Reize kennenlernen, sie müssen Kontakt zu möglichst vielen unterschiedlichen Menschen haben, damit sie sich später einmal zu sicheren, gut sozialisierten Hunden entwickeln können. Und fehlende Erfahrungen in dieser Zeit können leider nur bedingt nachgeholt werden.

Husky-Welpe Mika wird von Petra zum Löseplatz getragen.

Dort läuft sie mit ihm an Leine und Geschirr auf und ab und zwar so lange, ...

Training mit dem Welpen

Holst du deinen Welpen beim Züchter ab, hat er im Idealfall bereits eine Präferenz dafür entwickelt, sich auf Rasen zu lösen. Nun heißt es für dich, aufmerksam zu sein, und am Anfang häufig den Ort aufzusuchen, an dem dein Welpe sich lösen soll. Am besten eignet sich dazu eine Ecke im hinteren Bereich des Gartens oder aber eine Wiese bzw. ein Randstreifen in der Nähe deiner Wohnung. Der Löseplatz sollte in jedem Fall nicht zu weit entfernt sein, da es am Anfang schnell gehen muss, denn dein Welpe kann noch nicht lange einhalten. Welpen müssen anfangs ständig: nach dem Schlafen, nach dem Fressen, nach einem Spiel und spätestens alle zwei bis drei Stunden.

Angeleint nach draußen

Ist dein Welpe also gerade eingeschlafen, solltest du ihn dennoch im Auge behalten. Sobald er aufwacht, nimmst du ihn ruhig hoch und trägst ihn zum Löseplatz. Liegt dieser draußen, musst du deinen Hund sowieso anleinen. Aber auch im Garten, der ja vermutlich durch einen Zaun ausbruchsicher gemacht wurde, hilft es anfangs, den Welpen anzuleinen. So kannst du ihn auf dem Löseplatz vom Arm lassen und dann einfach dort stehenbleiben. Ist dein Welpe frei, kann es sein, dass er sich entfernt, um sich an einer anderen Stelle zu lösen. Rennst du ihm in dieser Situation hinterher, fasst er das vielleicht als Spielaufforderung auf und vergisst ganz, dass er eigentlich pinkeln wollte. Kehrst du dann mit deinem Welpen einige Zeit später in die Wohnung zurück, macht sich der Harndrang erneut bemerkbar und er wird vermutlich den nächsten Teppich aufsuchen. Vielleicht fühlt sich dein Welpe aber auch durch dich bedrängt, wenn du ihm ständig hinterherläufst und verknüpft das Hinausgehen und Urinieren so mit einem unangenehmen Gefühl. Auch dies wird in Zukunft das Training der Stubenreinheit nicht leichter machen. Setz also deinen angeleinten Welpen auf den Boden. Im Idealfall trägt er dazu ein Geschirr, sodass er sich, falls er an der Leine zieht, nicht am Hals bzw. Kehlkopf verletzen kann. Warte jetzt einfach ab, was passiert. Setzt sich dein Welpe hin und schaut dich erwartungsvoll an, dann ignoriere ihn einfach. Wenn du ihn jetzt ansprichst, bestätigt das seine Erwartungshaltung und er wird immer weniger daran denken, sich zu

… bis er sich hinsetzt und sich löst. So lernt Mika, sich draußen auf der Wiese zu lösen.

lösen. Lauf stattdessen einfach ein paar Schritte auf dem Löseplatz hin und her. Beobachte deinen Welpen genau. In dem Augenblick, in dem er sich hinhockt und anfängt zu pinkeln, kannst du ihn mit ruhiger Stimme loben. Doch Vorsicht, wenn du dich nun enthusiastisch freust und ihn mit Lob überschüttest, kann das dazu führen, dass dein Welpe das Urinieren abbricht. Ein ruhig ausgesprochenes „Prima" genügt vollkommen. So wird dein Welpe das Urinieren positiv verknüpfen, zudem wird er durch die entspannte Atmosphäre den neuen Löseplatz ohne Stress annehmen können.

Aufbau Signal „Lösen"

Nach einigen Wiederholungen wird dein Welpe verstanden haben, dass er sich an diesem Ort lösen soll. Nun kannst du ein Signalwort hinzufügen, wie z. B. „Mach jetzt". Welches Signal du verwendest, spielt dabei keine Rolle, es sollte sich nur von anderen Hörzeichen unterscheiden und nicht zu lang sein. Dein Welpe wird nun das Sich-Lösen mit dem Signalwort verknüpfen. Später wird er auf das Signalwort hin urinieren. Dies kann hilfreich sein, wenn dein Hund z. B. einige Zeit allein bleiben soll, oder aber eine längere Autofahrt ansteht. So kann er sich vorab noch einmal lösen und du kannst beruhigt das Haus verlassen oder die Fahrt entspannt antreten. Auch kannst du ihm in fremder Umgebung einen Platz zum Lösen anweisen.

Welpen müssen häufig …

Wie bereits erwähnt, musst du deinen Welpen anfangs ständig nach draußen bringen. Manchmal muss ein Welpe in zwei Stunden drei- bis viermal urinieren. So kann es sein, dass er gerade aufgewacht ist und du ihn direkt danach auf seinen Löseplatz gebracht hast. Nach dem Urinieren gehst du wieder mit ihm ins Haus. Da gerade Fütterungszeit ist, bekommt er seine Mahlzeit und muss direkt danach schon wieder. Nun ist dein Welpe hellwach und voller Energie, also ist es Zeit für ein kleines Spielchen. Du spielst mit ihm ausgelassen und nur kurze Zeit später bemerkst du, dass dein Welpe anfängt, sich im Kreis zu drehen und dabei schnüffelnd mit der Nase über den Boden geht. Das ist ein Alarmsignal! Wenn ein Welpe muss, zeigt er dieses Verhalten immer kurz vor dem Hinhocken. Also heißt es auch jetzt wieder, ab nach draußen! Bald wirst du darin Routine haben.

Auch Nachts geht es nach draußen

Und auch nachts kann dein Welpe leider noch nicht so lange einhalten. Damit er nicht aufwacht und sich still und heimlich eine Ecke zum Lösen sucht, kannst du ihn neben deinem Bett in einer für Welpen geeigneten Hundebox unterbringen. Die Box muss natürlich groß genug sein, dein Welpe muss darin ausgestreckt liegen und sich drehen sowie ohne Probleme stehen oder sitzen können. Sie darf aber auch nicht zu groß sein, denn dann wird dein Welpe einfach eine Ecke der Box auswählen, in die er nachts uriniert.

Das Verhalten, den Schlafplatz rein zu halten, ist angeboren. Ein Welpe, der nachts in einer Box schläft, wird daher in diese nur dann urinieren, wenn es gar nicht anders geht, also wenn du z. B. nicht aufwachst und ihn nach draußen lässt. Steht die Hundebox neben deinem Bett, fühlt sich dein Welpe nicht alleingelassen, du bist in seiner Nähe und kannst z. B. bei einer Box mit einer Öffnung oben die Hand zum Einschlafen eine Zeit lang in die Box halten.

Zudem hörst du sehr schnell, wenn dein Welpe unruhig wird, hin und her läuft oder anfängt zu jammern. Dann heißt es sofort aufstehen, in die Hausschuhe schlüpfen und raus zur Lösestelle. Falls nicht gerade sommerliche Temperaturen herrschen, solltest du eine Jacke direkt neben dein Bett legen, damit du diese überziehen kannst. Denn du hast in keinem Fall die Zeit, dich erst noch in Ruhe anzuziehen! Auch kannst du dir in den ersten Nächten einen Wecker stellen. Anfangs sollte der Abstand zwischen dem Lösen ca. drei Stunden betragen. Nach einer Woche kannst du die Zeit bereits auf vier Stunden erhöhen. So musst du, wenn es gut läuft, nur noch einmal in der Nacht nach draußen. Erhöhe dann die Zeit schrittweise immer weiter, bis dein Welpe nach ca. vier Wochen etwa 7 bis 8 Stunden durchschlafen kann. Mithilfe der durch den Wecker eingeteilten Zeiten verhinderst du zudem, dass dein Welpe das Urinieren einfordert. Denn natürlich musst du immer darauf reagieren, wenn er jammert und fiept und dir damit signalisiert, dass er sich lösen muss. Dennoch lernt er so auch gleichzeitig, dass er mit einer Forderung bei dir etwas erreicht hat. Viele Menschen berichten stolz, dass der mit 12 Wochen stubenreine Welpe immer wenn er raus muss, vor der Tür sitzt und jammert. Das kann aber unter Umständen bereits der erste Schritt dazu sein, dass dein Hund häufig jammert und Dinge von dir einfordert.

Das Malheur ist passiert …

Natürlich wird es immer einmal vorkommen, dass du nicht aufgepasst hast, und dein Welpe sich doch in der Wohnung löst. Bist du gerade in seiner Nähe, dann nimm ihn einfach kommentarlos hoch, er wird dabei das Urinieren vermutlich unterbrechen. Gehe dann mit ihm nach draußen und gib ihm dort die Möglichkeit zu pinkeln.

Es macht übrigens keinen Sinn, deinen Welpen für das Urinieren in die Wohnung zu bestrafen oder mit ihm zu schimpfen, denn schließlich hat er noch gar nicht gelernt, was du von ihm erwartest. Auch wenn die Stubenreinheit schon zu einem großen Prozentsatz sicher klappt, benötigt ein Hund viele Tausend Wiederholungen in allen möglichen Situationen, bis er eine Handlung bzw. ein Signal im Langzeitgedächtnis abgespeichert hat. Wenn überhaupt, kannst du dich selbst bestrafen, denn schließlich hast du nicht aufgepasst und deinen Welpen entweder nicht regelmäßig nach draußen gebracht, oder aber die Anzeichen zum Lösen nicht beobachtet. Hat dein Welpe schon vor einiger Zeit in die Wohnung gemacht, sodass du lediglich die Pfütze entdeckst, ist eine Bestrafung ebenfalls sinnlos. Hunde können eine Strafe nur dann mit einer Handlung verknüpfen, wenn beides kurz aufeinander folgt. Sind bereits mehrere Sekunden vergangen, ist dies nicht mehr eindeutig möglich. Dein Hund würde in diesem Fall zwar erkennen, dass du sauer bist, und würde vermutlich auch beschwichtigendes Verhalten wie Blinzeln, Wegschauen, Sich-klein-Machen oder Pföteln zeigen, um weiteren Schaden von sich abzuwenden. Dieses Verhalten hätte jedoch keinen Zusammenhang mit dem vor einiger Zeit erfolgten Urinieren.

Blasenentzündung

Gerade bei weiblichen Welpen, aber durchaus auch ab und an bei männlichen, kann es mit zehn bis zwölf Wochen auf einmal zu einem Einbruch beim Stubenreinheitstraining kommen. Der Welpe, der bisher kaum noch in die Wohnung gemacht hat, uriniert ständig, also in kurzen Abständen von nur wenigen Minuten, und das auch häufig in die Wohnung. Pinkelt dein Welpe also plötzlich ständig, solltest du unbedingt einen Tierarzt aufsuchen, denn dieses Verhalten deutet auf eine Blasenentzündung hin und muss untersucht werden.

Eine Blasenentzündung wird meist durch aufsteigende Bakterien in der Harnröhre verursacht, und da Hündinnen eine kürzere Harnröhre haben als Rüden, sind sie für Blasenentzündungen und Infekte der Harnröhre besonders anfällig. Die Blasenentzündung wird in der Regel mit Antibiotika behandelt, die Symptome der Stubenunreinheit verschwinden innerhalb weniger Tage.

Stubenunreinheit beim erwachsenen Hund

Uriniert oder kotet ein erwachsener Hund in die Wohnung, muss man zunächst einmal analysieren, was die Ursache dafür sein könnte. War ein Hund bereits seit langer Zeit stubenrein, kann die Ursache zunächst einmal ebenfalls eine Krankheit sein. Auch erwachsene Hunde, und hier wieder insbesondere Hündinnen, können an einer Blasenentzündung erkranken. Typisch hierfür ist der häufige Harndrang, es werden zumeist nur kleine Mengen abgesetzt. Der Urin kann auch durch Blut rötlich gefärbt sein. Der Hund zeigt dabei meist keine weiteren Symptome, lediglich bei einer weit fortgeschrittenen, unbehandelten Entzündung kann es auch zu Fieber und Abgeschlagenheit kommen. Kastrierte Hündinnen neigen übrigens häufiger zu Blasenentzündungen, da der Schließmuskel der Harnblase bei ihnen oft geschwächt ist und die Bakterien so noch leichter in die Harnwege eindringen können. Neben Bakterien können auch Harnkristalle und Harnsteine eine Blasenentzündung verursachen. Eine weitere Ursache können Tumore oder Erkrankungen anderer Organe sein, wie beim Rüden z. B. die Infektion der Prostata. Tritt die Stubenunreinheit daher plötzlich auf und wird der Urin sehr häufig und in kleinen Mengen abgesetzt, sollte der Hund zunächst einmal dem Tierarzt vorgestellt werden. Eine Behandlung ist in aller Regel gut möglich und sorgt dafür, dass die Stubenunreinheit danach von allein wieder verschwindet.

Rüden im Junghundealter, wie der 8 Monate alte Labrador Retriever Raven, urinieren im Hocken, ohne das Bein zu heben. Dieses Verhalten beginnt erst mit der Geschlechtsreife.

Nachdem die Labrador Retriever-Hündin kastriert werden musste, wurde sie inkontinent.

Inkontinenz

Bei kastrierten Hunden, vor allem bei Hündinnen, zeigt sich durch die bereits beschriebene Schließmuskelschwäche der Harnblase häufig eine Inkontinenz. Der Hund setzt in diesem Fall nicht bewusst Urin ab, er verliert den Urin unbemerkt, meist wenn er für längere Zeit ruht und liegt. Dies ist sowohl für den Menschen als auch für den Hund meist sehr unangenehm, da der Hund nach einiger Zeit in einer eingenässten Decke im Körbchen liegt. Der Urin befindet sich auch im Fell des Hundes, sodass nicht nur das Körbchen gereinigt werden muss, auch der Hund muss abgewaschen werden.

In einem solchen Fall solltest du spezielle Decken und Unterlagen für das Körbchen deines Hundes nutzen. Spezielle Inkontinenzdecken saugen besonders viel Flüssigkeit auf und leiten diese in das Innere der Decke weiter, sodass dein Hund selbst nicht nass wird. Sie sind in der Regel waschbar und damit wiederverwendbar. Alternativ kannst du deinen inkontinenten Hund auch an das Tragen einer Hundewindel gewöhnen. Vielleicht kennt deine Hündin das Tragen einer Hose/Windel noch aus den Zeiten der Läufigkeit? Dann wird sie auch die Hundewindel schnell akzeptieren. Ansonsten kannst du sie in kleinen Schritten daran gewöhnen. Die Windel wird zuerst nur kurz angezogen und der Hund über eine spannende Übung abgelenkt. Dann steigert man die Zeit so lange, bis der Hund die Windel auch über einen längeren Zeitraum und ohne große Ablenkung, also in Ruhezeiten, trägt. Draußen darf der Hund natürlich ohne Windel herumlaufen und sich wie gewohnt lösen! Windeln gibt es sowohl als Einwegwindeln als auch als wiederverwendbare, waschbare Windeln. Eine aufgrund von Kastration entstandene Inkontinenz lässt sich aber oft auch homöopathisch oder mit hormonellen Mitteln behandeln. Am besten besprichst du diese Problematik mit deinem Tierarzt, dieser wird dir eine zu deinem Hund passende Behandlung vorschlagen.

Koten in der Wohnung

Koten in der Wohnung wird selten aufgrund von Krankheit gezeigt, vor allem in Bezug auf festen Kot. Weicher Kot kann aufgrund von Stress entstehen, aber auch eine medizinische Ursache haben, die zunächst ausgeschlossen werden muss. Denn auch ein Hund kann an Durchfall erkranken, und dieser tritt, genauso wie beim Menschen, oft plötzlich und ohne große Vorwarnung auf. Ein Hund, der normalerweise vier Stunden ohne Probleme allein bleiben kann, wird bei Durchfall gegebenenfalls nicht mehr so lange einhalten können. Durchfall beim Hund kann unterschiedlichste Gründe haben, angefangen von der Aufnahme unverträglicher Dinge wie z. B. einer großen Menge Butter. Auch eine Viruserkrankung kann wie beim Menschen Durchfall bewirken. Natürlich ist die Beseitigung des Malheurs immer unangenehm, die Behandlung in aller Regel jedoch erst einmal unproblematisch. So lange dein Hund keine weiteren Symptome wie Fieber, starke Erschöpfung oder Schmerzen zeigt, kannst du mit dem Besuch beim Tierarzt noch ein, zwei Tage warten. Sehr häufig reicht es, am ersten Tag nur Wasser anzubieten und die Fütterung am nächsten Tag auf Schonkost umzustellen.

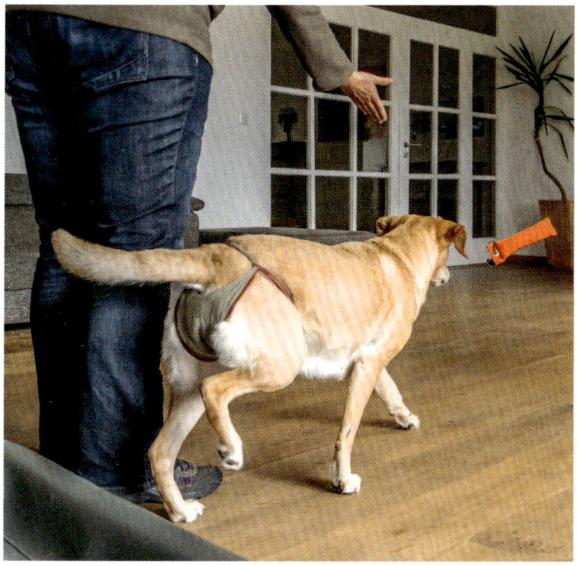

Mithilfe von Apportierspielen, die die Hündin liebt, wird sie an das Tragen einer Windel gewöhnt.

Nach wenigen Tagen trägt die Hündin die Windel bereits im Alltag, ohne sich daran zu stören.

Moro'sche Möhrensuppe

Ein bewährtes Hausmittel bei Durchfall (übrigens auch für Menschen) ist die „Moro'sche Möhrensuppe", die das erste Mal der Heidelberger Professor Ernst Moro in seiner Kinderklinik bei Durchfall einsetzte. Durch langes Kochen wird bei Karotten ein Zuckermolekül freigesetzt, das verhindert, dass die Bakterien sich an den Rezeptoren im Körper festsetzen können. Bei Durchfallerkrankungen gibst du deinem Hund am ersten Tag nur Möhrensuppe (Rezept, siehe Kasten). Biete diese ruhig öfter an, denn auch mäkelige Hunde werden irgendwann, wenn es kein anderes Futter gibt, etwas von der Möhrensuppe fressen. Falls dein Hund die Suppe vollständig verweigert, kannst du diese anstelle mit Wasser auch mit Hühnerbrühe auf einen Liter auffüllen. Am nächsten Tag kombinierst du die Suppe mit gekochtem Hühnerfleisch (mager) und Kartoffelpüree (ohne Milch). Die Fütterung von Reis sollte bei Durchfall vermieden werden. Dieser ist zwar magenschonend, jedoch entzieht er, im Gegensatz zu Kartoffelbrei, dem Körper Wasser.

Wichtig

Zubereitung: Möhrensuppe

- 500 Gramm Karotten
- 1 Liter Wasser

Eine Stunde lang kochen.
Pürieren und mit Wasser erneut auf 1 Liter auffüllen.
Für Hunde abkühlen lassen!

Hunde aus dem Tierschutz

Viele Menschen engagieren sich im Tierschutz, indem sie Hunde aus dem Tierheim oder von Tierschutzorganisationen aufnehmen. Zunächst einmal muss man sagen, dass natürlich nicht alle Hunde aus Tierheimen oder dem Tierschutz problematische, kranke oder vernachlässigte Hunde sind. Wenn du also gerade auf der Suche nach einem Hund bist, schaue ruhig auch einmal im Tierheim in deiner Nähe vorbei und lass dich dort beraten.

Fehlende Erfahrung

Dennoch gibt es sie natürlich, die armen Hunde, die von ihren vorherigen Haltern vernachlässigt wurden, und unter schlechten und unwürdigen Bedingungen aufwachsen und ihr Leben verbringen mussten. Triff deshalb keinen voreiligen Entschluss und überlege genau, ob du der Aufgabe gewachsen bist, einen solchen Hund aufzunehmen, denn es braucht häufig viel Geduld, viel Zeit und Verständnis für den Hund. Ein Hund, der z. B. einige Jahre seines Lebens in einem engen Zwinger oder angebunden an einer Kette verbringen musste, hat genauso wie ein Welpe nie gelernt, sich auf Rasen zu lösen. Da er sich immer nur auf dem Betonboden seines Zwingers oder den Fliesen des Kellers oder Hofes lösen musste, ist zudem eine Präferenz hierfür entstanden. So kann es sein, dass du beim Stubenreinheitstraining noch viel mehr Geduld haben musst, als bei einem Welpen, und dementsprechend auch viel mehr Zeit dafür aufwenden musst. Natürlich hast du beim erwachsenen Hund den Vorteil, dass er sich nicht ständig, also nicht mehr alle zwei bis drei Stunden lösen muss. Der Nachteil ist, dass sich der erwachsene Hund vermutlich erst einmal nicht melden wird, wenn er hinaus muss. Zudem kann man auch an seinem Verhalten meist nicht erkennen, ob er sich lösen muss oder nicht. Er hat sich bisher ja einfach immer dort gelöst, wo er sich gerade aufhielt. Daher musst du das Training der Stubenreinheit genauso aufbauen wie mit einem Welpen.

Training mit dem erwachsenen Hund

Gehe mit deinem angeleinten erwachsenen Hund alle zwei bis drei Stunden nach draußen an eine Stelle, an der er sich lösen soll. Lob ihn, wenn er uriniert oder kotet und belege sein Verhalten genauso wie beim Welpen mit einem Signalwort (siehe S. 37). Am Anfang musst du sehr viel Geduld haben, denn dein Hund weiß ja noch nicht, was du eigentlich von ihm erwartest. Daher macht es auch keinen Sinn, ihn aufzufordern, sich nun endlich einmal zu lösen. Dein Hund kennt weder die Handlung (Sich-auf-Rasen-Lösen), noch dein entsprechendes Signalwort. Dieses musst du also sofort aussprechen, wenn dein Hund gerade macht. Nur dann kann er Handlung und Signal miteinander verknüpfen. Eine Bestrafung, falls dein Hund doch einmal ins Haus uriniert, macht natürlich genauso wenig Sinn wie beim Welpen, denn dein Hund hat einfach noch nicht gelernt, was du von ihm erwartest. Damit würdest du nur die Beziehung zwischen dir und deinem Hund in Gefahr bringen, denn dein Hund kann nicht nachvollziehen, warum du dich aufregst. Er weiß nicht, welchen Fehler er gemacht hat und erlebt dich als nicht einschätzbar und damit unberechenbar. Keine Grundlage für eine gute Beziehung!

Urinieren aus Unsicherheit

Unsichere Hunde zeigen eine besondere Form der Stubenunreinheit, das sogenannte Unterwürfigkeitsurinieren. Der Hund zeigt dabei z. B. bei der Begegnung oder der Anwesenheit bestimmter Menschen oder Hunde, die ihn stark verunsichern, unterwürfiges Verhalten. Er legt dabei die Ohren an, blinzelt, zieht die Lefzen stark nach hinten, macht sich klein und uriniert dabei, meist eine kleinere Menge. Mit diesem Urinieren will er zunächst von sich ablenken und die Aufmerksamkeit des Gegenübers auf andere Dinge lenken. In diesem Fall erfolgt das Urinieren meist im Hocken. Er kann damit aber auch ausdrücken, dass keine Gefahr von ihm ausgeht, da er sich noch wie ein Welpe verhält. Dieses Verhalten soll dann eher Versorgungsverhalten beim Gegenüber auslösen. In diesem Fall legt sich der Hund zum Urinieren auf den Rücken.

Das bedeutet aber keinesfalls, dass der Mensch den Hund zuvor grob behandelt, erschreckt oder sogar verletzt hat. Welches Verhalten und welches Erscheinungsbild ein Hund als eventuell bedrohlich abspeichert, hängt zum einen von seinem Wesen, zum anderen von seiner bisherigen Sozialisation ab. So wird ein Hund, der bisher wenige Menschen kennengelernt hat, fremde Menschen generell erst einmal als potenzielle Gefahr einschätzen. Viele Straßenhunde haben vorwiegend Erfahrungen mit Frauen gemacht, da diese in der Regel die Straßenhunde füttern und versorgen. Männer ignorieren die Hunde eher oder scheuchen sie grob fort. Daher sind viele dieser Hunde bei der Begegnung mit Männern verunsichert. Es gibt aber einfach auch sehr sensible Hunde, eigentlich müsste man sagen, zu sensible Hunde, die stark auf die Körpersprache des Menschen reagieren. So kann ein großer Mann, der sich eigentlich in freundlicher Absicht zur Begrüßung über einen Hund beugt, zu großer Verunsicherung bei diesem führen. Selbst ein direkter Blick ohne Überbeugen ist dann manchmal zu viel.

Training mit unterwürfigen Hunden

Bei unterwürfigem Urinieren müssen auf jeden Fall die Personen, die das Urinieren auslösen, unbedingt vermeiden, sich aus Sicht des Hundes bedrohlich zu verhalten. Man sollte daher nie frontal auf einen unterwürfigen Hund zugehen, sondern immer einen leichten Bogen machen. Gehe z. B. bei der Begrüßung in die Hocke und drehe dich dabei leicht vom Hund weg. Auch den Blick solltest du erst einmal abwenden, denn bereits der direkte Blickkontakt könnte eine unterwürfige Reaktion in Form von Urinieren beim Hund auslösen. Du solltest dem Hund auch Zeit lassen, in seinem Tempo Kontakt zu dir aufzunehmen und eine eher stürmische Begrüßung vermeiden.

Die Mischlingshündin Shila kennt nicht viele Männer. Vorsichtig nähert sie sich Martin. Dieser wendet den Körper und den Blick ab, um Shila nicht noch weiter zu verunsichern.

Im Extremfall musst du deinen Hund in der Situation, in der das unterwürfige Urinieren auftritt, sogar komplett ignorieren. Häufig tritt das Verhalten nach längerer Abwesenheit des Menschen in Begrüßungssituationen auf. Wenn der Vater der Familie also nach einem langen Arbeitstag nach Hause kommt, kann es sein, dass der eher unsichere Familienhund nun beschwichtigend zur Haustür läuft. Auch wenn es schwer fällt, muss der Vater in diesem Augenblick den Hund ignorieren. Das heißt, er darf ihn nicht anfassen, nicht ansprechen, ja manchmal nicht einmal anschauen. Nach einiger Zeit hat der Hund sich wieder an die Anwesenheit des Vaters gewöhnt und wird vielleicht auch von sich aus Kontakt aufnehmen. Nun darf er natürlich begrüßt und gestreichelt werden. Bis ein Hund ein solches Verhalten komplett ablegt, kann eine lange Zeit vergehen, vor allem dann, wenn der Hund generell wenig Erfahrungen mit fremden Menschen durch eine schlechte Sozialisierung gemacht hat.

Beugt sich Marion bei der Begrüßung über Reina, reagiert diese mit Stress (Hecheln, Ohren anlegen).

Verhalten während der Pubertät

Einige Hunde zeigen ein solches Verhalten nur vorübergehend in der Zeit der Pubertät und des Erwachsenwerdens. In dieser Zeit ist der junge Hund durch das Einschießen der Hormone und die Veränderungen im Körper generell verunsichert. Dies zeigt sich durch verändertes Verhalten. Einige pubertierende Junghunde werden extrovertiert und probieren sich aus. Sie beginnen Streit mit anderen Hunden und akzeptieren bisher eingehaltene Regeln des Menschen nicht mehr. Andere Hunde zeigen dagegen gesteigerte Verunsicherung. Gab es zuvor noch eine vollkommen entspannte Beziehung zu einem Menschen, zeigt der Hund auf einmal eine große Unsicherheit, gegebenenfalls gepaart mit unterwürfigem Urinieren. Auch in diesem Fall ist Ignorieren das Mittel der Wahl. Häufig ändert sich jedoch auch dadurch nichts am Verhalten des Hundes, bis auf einmal, mit – je nach Rasse und Größe des Hundes – ca. ein bis zwei Jahren der Hund erwachsen geworden ist, und das Verhalten von heute auf morgen nicht mehr gezeigt wird.

Niemals darfst du einen Hund für unterwürfiges Urinieren bestrafen. Dabei solltest du bedenken, dass schon das Erheben der Stimme für einen sensiblen Hund eine Strafe sein kann! Diese Strafe würde das Verhalten noch verschlimmern und steigern, denn es würde zu weiterer Unsicherheit des Hundes führen. Denn dein Hund ist sich ja keines Fehlverhaltens bewusst, unterwürfiges Urinieren ist ein vollkommen natürliches, arttypisches Verhalten, wie es im Familienverband in solch einer Situation gezeigt wird. Daher würde eine Bestrafung die Beziehung zwischen dir und deinem Hund nur verschlechtern, denn du reagierst aus Sicht deines Hundes unberechenbar. Du wirst für deinen Hund immer schwieriger einschätzbar und somit keinesfalls zu einem Partner, der ihm Sicherheit bietet. Überprüfe deshalb bei unterwürfigem Urinieren immer, ob dein Verhalten von deinem Hund als Korrektur empfunden wird.

Deshalb ignoriert Marion Reina bei der Begrüßung und nimmt erst später mit ihr Kontakt auf.

Angst und Stress

Ein Hund kann auch aus Angst bzw. Stress in die Wohnung urinieren oder koten. Bei großer Angst kann der Hund die Kontrolle über seinen Schließmuskel verlieren und Kot, in der Regel als Durchfall, absetzen. Ein Hund, der z. B. aufgrund eines lauten Knalls erschrickt und in Panik gerät, wird versuchen zu fliehen und kann dabei koten. Dieses Verhalten tritt allerdings selten in der Wohnung auf, denn hier fühlen sich die meisten Hunde sicher. Ein Hund, der sich in der eigenen Wohnung nicht sicher fühlt, steht unter dauerhaftem Stress. Hier muss dringend die Ursache für die Angst und Unsicherheit gefunden und abgestellt werden, da eine andauernde Angst zu chronischen Krankheiten und Verhaltensstörungen führen kann.

Angst vor Außenreizen

Häufiger findet man daher den umgekehrten Fall. Viele Hunde haben vor Reizen, denen sie draußen begegnen, Angst. Insbesondere Hunde, die keine Reize kennengelernt haben, und Straßenhunde, die in ländlichen Gebieten fernab jeglicher Zivilisation gelebt haben, sind mit den Alltagsgeräuschen in unseren Städten oft völlig überfordert. Auch die ständige Begegnung mit anderen, fremden Hunden und Menschen kann diese Hunde stark belasten. Daher kann es passieren, dass sich diese Hunde draußen aus Angst und Unsicherheit nicht lösen. Urinieren kann man meist noch beobachten, da dies relativ schnell erledigt ist und vom Hund sofort, in einem vermeintlichen Notfall, unterbrochen werden kann. Beim Koten muss sich der Hund jedoch hinhocken, er ist damit in einer Position, in der er einem Gegner hilflos ausgeliefert wäre. Eine Flucht ist erst möglich, wenn der Vorgang des Kotens beendet wurde, eine Unterbrechung kann meist erst nach einer kurzen Zeit erfolgen. Diese Unsicherheit kann somit dazu führen, dass diese Hunde Kot nur noch in der Wohnung absetzen, häufig dann, wenn sie allein sind und sich unbeobachtet und sicher fühlen.

Die elfjährige Bella hat nicht viele Reize kennengelernt und ist draußen oft sehr unsicher.

Mithilfe des Apportiertrainings mit dem Futterbeutel wird Bella an Reize wie vorbeifahrende Autos gewöhnt.

Auch jetzt würde eine Bestrafung des Verhaltens nur zu einer Verschlimmerung der Situation führen, denn der Hund kann die Strafe nicht verstehen. Dieses Beispiel macht deutlich, wie wichtig es ist, zu Beginn eines Trainings die Ursachen zu erforschen. Ein Training der Stubenreinheit, wie für den erwachsenen Hund beschrieben (siehe S. 39 ff.), würde hier rein gar nichts bewirken. Vielmehr muss dieses unerwünschte Verhalten erst einmal ignoriert werden, man beseitigt den Kot seines Hundes einfach kommentarlos. In einer Anamnese, am besten mit einem Hundetrainer, werden dann die Angstauslöser des Hundes festgestellt, sodass dieser in kleinen Schritten an die Reize gewöhnt werden kann. Je nach Reiz und je nach Ausprägung kann dies über ein Abschalttraining erfolgen, also über Gewöhnung des Hundes an die Reize in immer stärkerer Intensität, oder aber z. B. auch über die Annäherung des Hundes an die Reize in kleinen Schritten, z. B. in Verbindung mit einer alternativen Handlung, die für den Hund positiv ist.

Ursache sexuelle Motivation

Zur Unterscheidung der Ursachen von Stubenunreinheit wird oft die Menge der Flüssigkeit herangezogen. Eine große Menge an Flüssigkeit wird dabei meist mit nicht erlernter Stubenreinheit gleichgesetzt, da der Hund offensichtlich eine lange Zeit einhalten konnte. Eine kleine Menge an Flüssigkeit deutet im Umkehrschluss dann auf ein Markierverhalten des Hundes hin. Wir haben jedoch bereits erwähnt, dass auch bei einer Erkrankung wie der Blasenentzündung sowie beim unterwürfigen Markieren kleine Mengen Urin abgesetzt werden. Zudem kann auch bei Markierverhalten, gerade z. B. zu Beginn eines Spaziergangs, eine größere Menge Urin vom Hund abgesetzt werden. Die Urinmenge allein ist also nicht ausschlaggebend für eine Bewertung der Motivation des Hundes, es müssen noch weitere Kriterien zur Einschätzung des Verhaltens hinzugezogen werden.

Markieren oder unsicheres Urinieren

Um die Ursache für das jeweilige Verhalten festzustellen, muss abgeklärt werden, „wo", „wie" und „wann" uriniert oder gekotet wurde. Wenn hierfür Stellen mit strategischer Bedeutung wie z. B. Bett, Sofa, der Bereich vor der Tür oder die Raummitte bevorzugt werden, deutet diese Tatsache eher auf ein Markierverhalten hin. Ist die verunreinigte Stelle dagegen an einem strategisch eher unwichtigen Platz bzw. sehr weit von der Liegestelle entfernt oder auf einem weichen Untergrund (rasenähnlich), liegt in der Regel ein Missgeschick oder eine Erkrankung vor. Uriniert der Hund mit hoch erhobenem Bein und schaut dabei seinen Menschen demonstrativ an, deutet dies ebenfalls eher auf ein Markierverhalten hin. Der Hund steht dabei selbstbewusst und aufgerichtet, die Ohren sind nach oben aufgestellt, die Rute wird stark aufgerichtet bis geringelt über dem Rücken getragen. Nach dem Markieren kann noch ein Scharren erfolgen, das oft durch Geräusche wie Knurren oder starkes Ausatmen unterstützt wird. Das Scharren als visuelles Signal unterstreicht dabei die markierende Bedeutung des Urinierens. In diesem Fall ist das Markieren eindeutig an den anwesenden Menschen oder andere anwesende Hunde gerichtet. Urinieren aus Angst oder Unsicherheit wird dagegen immer mit einer unsicheren Körpersprache einhergehen und vorwiegend in Abwesenheit des Menschen gezeigt.

Verhalten gegenüber Artgenossen

Genauso spielt auch das Verhalten des Hundes gegenüber seinen Artgenossen eine Rolle. Ein stark sexuell motivierter Hund wird auf dem Spaziergang häufig markieren und Imponiergehabe wie Scharren zeigen. Er wird an Urinmarken von Hündinnen lange und intensiv schnüffeln und den Urin mithilfe des vomeronasalen Organs testen. Dieses Organ besitzen Menschen nicht. Hunde können mithilfe des vomeronasalen Organs, das sich hinter den oberen Vorderzähnen im Maul befindet, Chemikalien geruchlich feststellen. Ein Rüde prüft damit z. B. den Status der Hündin und kann so anhand des Urins feststellen, ob sie läufig ist oder bald läufig wird. Der Hund klappert dabei leicht mit den Zähnen und schmatzt. Stark sexuell motivierte Rüden beginnen häufig im Haus zu markieren. Oft entwickelt sich ein solches Verhalten mit beginnender Pubertät des Hundes, wenn die Hormone freigesetzt werden. Je nach Rasse und Größe kann dies bei kleineren Hunden bereits im Alter von 5–6 Monaten, bei größeren Hunden auch erst im Alter von 9–12 Monaten der Fall sein.

Erwachsene, geschlechtsreife Rüden markieren gern – möglichst hoch – an senkrecht stehenden Gegenständen.

Mein Tipp

Genaue Analyse

Die Analyse der Mensch-Hund-Beziehung ist bei der Stubenunreinheit von großer Bedeutung. Verhält sich ein Hund innerhalb der Mensch-Hund-Beziehung selbstsicher und fordernd, ist er eventuell auch schnell frustriert, kann eher von einem Markierverhalten ausgegangen werden.

Der 8 Monate alte Labrador Retriever-Rüde Raven läuft seit Kurzem gern weit vor.

Andrea versteckt sich in einem unbeobachteten Augenblick hinter einem Busch.

In solchen Fällen hilft zunächst einmal, den Hund auf dem Spaziergang geistig und körperlich gut auszulasten. Generell solltest du dich mit einem pubertierenden Hund nicht ständig streiten. Dein Hund ist in dieser Phase oft nicht wirklich aufnahmefähig, nur zu gern geht er auf eine Rangelei oder Diskussion ein und testet damit seine Grenzen aus. Vielmehr solltest du nun darauf achten, dass dein Rüde gar keine Möglichkeit hat, im Haus zu markieren. Zuerst einmal solltest du häufiger mit ihm nach draußen gehen, sodass er dort die Möglichkeit hat, sich zu entleeren und zu markieren. Im Haus kann er räumlich so begrenzt werden, dass er sich in den Räumen mit von ihm bevorzugten Markierstellen nicht mehr freilaufend aufhalten darf. Hierzu kannst du z. B. eine Hausleine verwenden, also eine etwa 1,5 Meter lange Leine, mit der du deinen Hund immer bei dir führen oder auch einmal auf seinem Liegeplatz anbinden kannst. Muss dein Hund allein bleiben, kannst du für sehr kurze Aufenthalte vorübergehend eine Box wie in der Welpenzeit verwenden. Diese muss natürlich an die veränderte Größe deines Hundes angepasst sein. Alternativ lässt du deinen Hund in einem Raum, der wenig Möglichkeiten zum Markieren bietet und notfalls leicht gereinigt werden kann. Gib deinem Hund nun die nötige Zeit, erwachsen zu werden. Unternimm viel mit ihm und zeige ihm dabei, dass du ein Partner bist, auf den er sich immer verlassen, an dem er sich orientieren kann.

Aufmerksamkeitsübung

Pubertierende Rüden neigen in dieser Zeit dazu, sich zu verselbstständigen. Sie laufen gern einmal weit voraus, um der Erste zu sein und alles abchecken zu können. Zeigt er dieses Verhalten, dann verstecke dich in einem unbeobachteten Moment. Beobachte jetzt deinen Hund genau, irgendwann wird ihm sicher auffallen, dass du fehlst. Besorgt wird er nun umdrehen und beginnen, dich zu suchen. Schnell wird die Besorgnis in leichte Panik umschlagen, dein Hund scheint dich verloren zu haben. In diesem Augenblick trittst du aus dem Gebüsch hervor und rufst deinen Hund zu dir. Du wirst ihm seine Erleichterung sofort ansehen. Vermutlich wird er nun einige Zeit in deiner Nähe bleiben, sich immer wieder umdrehen und sich vergewissern, dass du noch da bist. Bei dieser Übung darfst du jedoch nicht den Fehler machen, zu warten, bis dein Hund dich gefunden hat. Damit würde er

Als Raven verunsichert stehenbleibt und Andrea sucht, tritt sie hervor und ruft ihn.

Sozialer Status

Da eine starke sexuelle Aktivität in der Regel auch ein hohes soziales Privileg ist, muss der soziale Status des Hundes geklärt werden. Dazu wird die Beziehung zwischen Mensch und Hund analysiert. Verhält sich der Hund allgemein fordernd und distanzlos dem Menschen gegenüber, weist dies auf einen hohen sozialen Status des Hundes hin.

Der Hund scheint der agierende Part zu sein, der Mensch der reagierende. In diesem Fall werden dem Hund nach und nach ihm wichtige Privilegien entzogen. Je nach Hund kann es sich dabei z. B. um erhöhte Liegeflächen wie Bett oder Sofa, Essen vom Tisch nach lautstarkem Einfordern des Hundes oder frei zugängliche Ressourcen wie Kauknochen oder Spielzeug handeln. Hierbei muss jedoch bedacht werden, dass Veränderungen nur Schritt für Schritt vorgenommen werden dürfen.

nämlich nur lernen, dass er wirklich eine hervorragende Nase hat, auf die er sich auch in schwierigen Situationen verlassen kann. Du beweist ihm damit dann nur, dass er dich offensichtlich wirklich nicht braucht.

Markierverhalten bei älteren Rüden

Aber auch bei älteren Rüden kann es zu sexuell motiviertem Markierverhalten im Haus kommen, wenn z. B. Hündinnen in der Nachbarschaft läufig sind oder sich Konkurrenten in der Nähe befinden. Ist ein Rüde in der Regel stubenrein und beginnt aufgrund solcher Konkurrenzsituationen oder durch den Kontakt mit läufigen Hündinnen mit dem Markierverhalten, müssen bereits markierte Stellen erst einmal gründlich gereinigt und mit einem für den Hund unangenehmen Mittel besprüht werden. Das weitere Training erfolgt wie beim pubertierenden Hund: Der Hund wird räumlich begrenzt. Er darf sich also nicht mehr in der ganzen Wohnung frei aufhalten und hat dort auch nur fest vorgegebene Liegestellen an unstrategischen Plätzen. Zudem wird er geistig und körperlich ausgelastet und man gibt ihm zudem möglichst häufig die Gelegenheit, sich zu lösen.

Raven lässt Andrea nun nicht mehr aus den Augen und orientiert sich vollständig an ihr.

Ein Hund, der jahrelang das Verhalten seiner Menschen bestimmen konnte, wird nicht verstehen, dass diese sich von heute auf morgen komplett ändern. Er wird sie nicht ernst nehmen, und das unerwünschte Verhalten wird sich damit noch weiter verstärken. Es kann somit zu einem verstärkten Markierverhalten kommen, dieses Mal aus Frust über die Situation und Protest über die veränderten Gegebenheiten.

Je nachdem, wie stark sexuell sich der Hund in anderen Situationen verhält, sollte zudem über eine Kastration nachgedacht werden. Dabei kann der Hund zunächst chemisch mithilfe des Suprelorin-Chips kastriert werden. Dieser führt zu einer zeitlich begrenzten, hormonellen Inaktivität des Rüden. Die Wirkung einer chirurgischen Kastration kann somit getestet und ein Training wie bereits beschrieben ohne Ablenkung durch die Hormone aufgebaut werden.

Malinois Carlos darf Besuch nicht als Erster begrüßen, er muss angeleint neben Caroline warten.

Ursache Frustration

Sehr häufig beschreiben Menschen, dass ihre Hunde in der Wohnung urinieren oder koten, um sie zu ärgern. Schließlich wüssten diese genau, dass sie das nicht dürfen. Hunde leben jedoch in der Gegenwart, sie handeln nicht aus geplanter Provokation. In den allermeisten Fällen ist Protest daher nicht die Ursache für Stubenunreinheit.

Selten einmal kann es aber z. B. bei zu starker Maßregelung des Hundes oder bei zu schneller Einschränkung vieler Privilegien zu Markierverhalten aus Protest bzw. Frustration kommen. Nur sehr selten aber richtet sich auch dann das Verhalten direkt gegen den Menschen. Viel häufiger zeigt ein Hund damit seine Überforderung an. Ein Hund, der in einer Beziehung den agierenden Part übernommen hat, sieht den Menschen als schwachen Partner an. Er fühlt sich für ihn verantwortlich. Keinesfalls orientiert er sich an ihm, weder in der Wohnung, noch draußen. Nimmt man einem solchen Hund nun alle Privilegien auf einmal, versteht dieser die Welt ganz und gar nicht mehr. Denn dass sein Mensch auf einmal doch Führungsqualitäten haben soll, wird er diesem nicht einfach so glauben. Dieser Hund wird dann z. B. aus Stress und Überforderung mit der Situation direkt nach einer Maßregelung, wie z. B. dem Herunterschicken vom bisher geduldeten Liegeplatz auf dem Sofa, markieren. Bei Protestverhalten ist daher oberstes Gebot die Konfliktvermeidung und ein sehr kleinschrittiges Training. Der Auslöser für die Frustration des Hundes muss vermieden werden. Hat dein Hund viele Privilegien, stellst du eine Reihenfolge auf, in welcher diese deinem Hund entzogen werden sollen. Du beginnst erst einmal mit einem für deinen Hund nicht so wichtigen Privileg. Woche für Woche kommt dann ein weiteres hinzu, dabei musst du immer das Stresslevel deines Hundes im Blick behalten.

Wenn das Alleinbleiben schwerfällt

Wie bereits bei „Stubenunreinheit" beschrieben, leben Hunde in Gruppen zusammen. Sie verbringen das Leben in ihrem Familienverband, schlafen zusammen, fressen zusammen, gehen zusammen auf die Jagd. Denn gemeinsam ist man stark, man kann Beute besser erlegen und Feinde vertreiben. Dagegen wird man allein schnell das Opfer eines Feindes und muss ums Überleben kämpfen, da Nahrung nur schwer zu beschaffen ist. Somit macht es für den Hund Sinn, im Familienverband eine Ordnung aufrechtzuerhalten. Jeder kennt seinen Platz und seine Aufgaben und hat somit die Sicherheit, in der Gruppe geschützt zu sein. Im sozialen Miteinander werden Bindungen aufgebaut und gestärkt, Konflikte geklärt und somit das Beziehungsgeflecht in der Gruppe stabil gehalten. Natürlich kommt es auch einmal vor, dass sich ein Hund ein Stück abseits vom Trubel hinlegt, um auszuruhen oder eine besonders begehrte Beute zu verzehren. Dennoch bleibt man in der Nähe seiner Gruppe, um den Zusammenhalt aller zu stärken, um das Überleben zu sichern. Und natürlich wird auch in der Gruppe ab und an ein Mitglied auf Abstand gehalten. Dennoch, dass ein Gruppenmitglied in einen Raum gesperrt und damit komplett von den anderen getrennt wird, also auch von deren Aktionen bewusst ausgeschlossen wird, kommt bei streunenden Hunden natürlich nicht vor.

Reina wartet entspannt, aber sehnsüchtig darauf, dass ihr Frauchen nach Hause kommt.

Nicht gern allein

Somit wird schnell deutlich, dass wir an unseren Haushund Anforderungen stellen, die eigentlich nicht seiner Natur entsprechen. In aller Regel muss der Haushund lernen, wenigstens für einige Stunden allein zu bleiben. Im Idealfall hat er dabei noch einen Artgenossen, der ihm Gesellschaft leistet, dennoch kann er die Familie nicht immer überallhin begleiten. Aus diesem Grund ist das „Alleinbleiben" ein sehr wichtiges und sensibles Thema, mit dem man sich von dem Augenblick an, in dem der Hund einzieht, beschäftigen sollte! Denn obwohl sie vermutlich am liebsten 24 Stunden am Tag mit ihrem Menschen zusammen sein möchten, können Hunde lernen, eine Zeit lang allein zu bleiben.

Mischlingsrüde Mailo kann nicht entspannt allein zu Hause bleiben.

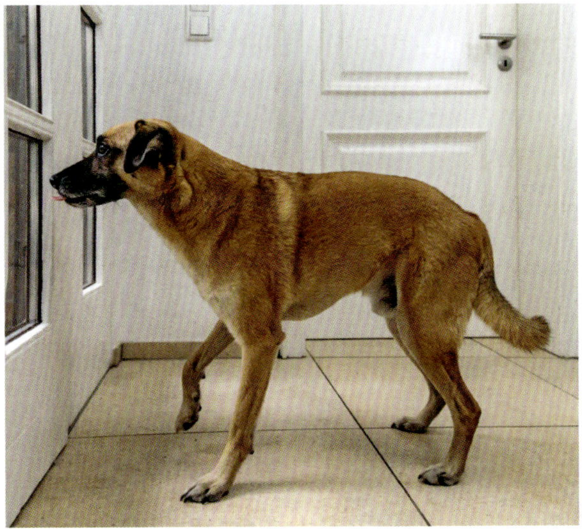

Sobald seine Familie das Haus verlässt, ist Mailo gestresst und kratzt an der Haustür.

Gemeinsam einsam!

Dabei sprechen wir natürlich jetzt nicht davon, dass ein Hund regelmäßig fünf Tage die Woche neun oder zehn Stunden allein zu Hause bleiben soll. Wer allein lebt und Vollzeit berufstätig ist, der sollte im Sinne des Hundes auf das Zusammenleben mit Hund verzichten. Bei einem Arbeitstag von acht Stunden kommt man mit Mittagspause und Fahrtzeit schnell auf bis zu zehn Stunden Abwesenheit. Eine solch lange Zeitspanne des Alleinbleibens darfst du keinem Hund zumuten! Und hier hilft dann auch ein anderer Hund als Partner nicht! Du als Mensch regelst den Alltag und sorgst für deinen Hund, sodass du für ihn zum Sozialpartner wirst, ohne den ein Überleben nicht möglich ist. Zwei Hunde sind dann sozusagen „gemeinsam einsam" und warten zu zweit auf das Zurückkommen ihres Sozialpartners.

Versäumnisse beim Welpen

Viele Hunde haben aber ein Problem damit, auch nur für eine kurze Zeit allein zu bleiben. Die Tatsache, dass Alleinbleiben für Hunde nicht natürlich ist, wissen viele Menschen nicht und planen daher ein Training diesbezüglich nicht ein. Der kleine Welpe zieht ein und ist ja noch so niedlich und unbeholfen. Natürlich lässt man ihn nun nicht allein, kümmert sich 24 Stunden am Tag um ihn. Schließlich haben alle Familienmitglieder extra Urlaub genommen, um die ersten drei bis vier Wochen ausreichend Zeit für den Kleinen zu haben. Doch jeder Urlaub geht einmal zu Ende und es kommt die Zeit, in der der Welpe ab und an alleinbleiben muss. Hat er das jedoch nicht gelernt, ist er mit der sich von heute auf morgen verändernden Situation vollkommen überfordert. Er weint, bellt, kratzt an der Tür. Und spätestens mit einem halben Jahr hat die Familie ein Problem, der Junghund bleibt nun nicht einmal mehr fünf Minuten allein, er leidet unter Trennungsangst!

Trennungsangst

Wenn ein Hund nicht allein bleiben kann, ist relativ schnell von Trennungsangst die Rede. Und tatsächlich ist Trennungsangst bzw. der starke Wunsch nach Bindung und dem Zusammensein im Familienverband, wie bereits beschrieben wurde, für den Hund etwas sehr Natürliches. Trennungsangst

Sobald Mailo etwas hört, läuft er zur Haustür, in der Hoffnung auf die Rückkehr seiner Familie. Gestresst hechelt er mit zurückgezogenen Maulwinkeln und weit aufgerissenen Augen.

entsteht aber nicht nur durch mangelnde Lernerfahrungen. Auch plötzliche Veränderungen wie z. B. Trennung der Hundehalter oder Tod eines Familienmitgliedes, Umzug in eine neue Wohnung, Abgabe des Hundes in eine neue Familie und damit auch Veränderungen im Alltag und beim Alleinbleiben des Hundes, können zu Trennungsangst führen. Denn Trennungsangst ist letztendlich nichts anderes als die Angst, einen Verlust zu erleiden. Ist dieser Verlust real erfolgt, kann dies dazu führen, dass der Hund traumatisiert ist und nicht adäquat mit der neuen Situation umgehen kann. Hunde, die vom Menschen mit der Flasche aufgezogen wurden, die früh von Mutter und Wurfgeschwistern getrennt wurden, sind typische Kandidaten für Trennungsangst.

Traumatische Erfahrungen

Aber auch traumatische Erfahrungen wie z. B. das Erschrecken durch ein Gewitter oder Einbrecher in der Wohnung können dazu führen, dass der Hund sich in seinem Zuhause nicht mehr sicher fühlt. Konnte er bis zu diesem Erlebnis problemlos allein bleiben, in der Sicherheit, dass ihm hier nichts passieren kann, so lange er von seinem Sozialpartner getrennt ist, kann ein solches Erlebnis dazu führen, dass Trennungsangst von einem Tag auf den anderen entsteht. Das ist natürlich besonders problematisch, da der Mensch beim traumatischen Erlebnis ja nicht dabei ist und unter Umständen gar nichts davon erfährt. Vielleicht ist ihm die Schlechtwetterlage bekannt, dass aber genau in dem Augenblick, als der Hund entspannt vor dem Fenster lag und schlief, ein Donnerknall das Haus erschütterte, wird er vermutlich nie erfahren. Daher ist das Training bei Trennungsangst oftmals sehr schwierig, da erst einmal die Ursachen herausgefunden werden müssen, um ein entsprechendes Training aufbauen zu können.

Äußere Anzeichen

Hunde, die nicht allein bleiben können, äußern dies häufig sehr extrovertiert. Sie jammern, sie heulen, sie bellen, und das oft stundenlang. Türen werden zerkratzt, Möbel zerstört, die Wohnung geschreddert. Beim Nachhausekommen erwartet den Menschen oft ein heilloses Durcheinander: angekaute Sofakissen, verschleppte Gegenstände, im schlimmsten Fall Fäkalien und Erbrochenes auf dem Teppich oder Sofa. Dazu ein Hund, der vollkommen außer sich ist, mit lang heraushängender Zunge hechelt, mit weit aufgerissenen Augen an seinem Menschen klebt, ein Bild des Jammers.

Doch nicht immer zeigt ein Hund diese Symptome. Es gibt auch Hunde, die still leiden. Die vor Angst unfähig sind, sich zu bewegen, in eine Starre und Hilflosigkeit verfallen, unfähig einen Laut von sich zu geben. Diese Hunde liegen meist die ganze Zeit mit Blick Richtung Tür und harren bewegungslos aus, bis ihr Mensch nach Hause kommt. Stundenlang liegen sie angespannt dort und die Erleichterung, wenn er endlich das Haus betritt, ist ihnen förmlich anzusehen. Kurz begrüßen sie ihren Menschen unterwürfig und freudig erregt, um sich dann ins Körbchen zu legen und erst einmal zu tief und fest zu schlafen. Das größte Problem bei diesen Hunden liegt darin, dass die Menschen gar nicht mitbekommen, welchen Stress ihr Hund hat, und dass es ihm überhaupt nicht gut geht, wenn er allein bleiben muss. Sie beschreiben das Alleinbleiben des Hundes eher als unproblematisch. Kein Gebell, kein Gejammer, nichts wird zerstört, so wünscht man es sich doch. Der Hund aber leidet still vor sich hin und kann sich dem Menschen nicht mitteilen. Sollte dein Hund also nach längerem Alleinbleiben erschöpft ins Körbchen fallen, ist das immer ein Alarmzeichen.

Verhalten analysieren

Natürlich gibt es auch einfach ruhige Hunde, die kein großes Aktivitätsbedürfnis haben, insbesondere, wenn der Hund schon älter ist. Ein Hund, der kein Problem mit dem Alleinbleiben hat, wird jedoch immer eher das Bedürfnis haben, sich zu bewegen und etwas mit seinem Menschen zu unternehmen, wenn dieser nach Hause kommt. Bist du dir unsicher, ob dein Hund wirklich entspannt allein zu Hause bleibt, kannst du eine Videokamera aufstellen. Beobachte dann im Nachhinein, wie sich dein Vierbeiner verhält. Wartet er noch kurz, ob du nicht doch noch einmal zurückkommst und legt sich dann entspannt in sein Körbchen, um zu schlafen? Steht er ab und an auf, um etwas zu trinken oder sich kurz zu bewegen, und legt sich dann wieder hin? Die meisten Hunde wechseln dabei auch durchaus die Liegeplätze, je nach Tageszeit, Temperatur, Sonneneinstrahlung etc. Dann ist alles in Ordnung und du kannst deinen Hund problemlos auch weiterhin für einige Zeit allein zu Hause lassen. Liegt er jedoch die gesamte Zeit deiner Abwesenheit an einer Stelle, in der Regel mit Blick auf die Tür, bewegt sich nicht, entspannt und schläft nicht, solltest du dringend etwas an der Situation ändern! Zuerst solltest du deinen Hund nicht mehr allein lassen und dann das Alleinbleiben trainieren.

Carmen will wissen, ob Holly entspannt allein zu Hause bleiben kann und stellt eine Videokamera auf.

Die Videoaufnahme zeigt, dass Holly entspannt auf ihrer Decke liegt, wenn sie allein bleiben muss.

Training mit dem Welpen

Im Idealfall lernt dein Hund das Alleinbleiben bereits von Welpe an. In den ersten drei Wochen ist Mama beinahe 24 Stunden bei den Welpen, anfangs in der Wurfbox, später direkt nebenan. Die Welpen müssen alle 2–3 Stunden gesäugt werden, sodass sich Mama gar nicht weit entfernen kann. Sie brauchen die Wärme und die Versorgung durch die Mutterhündin, können ohne Leckstimulation durch sie nicht koten oder urinieren, sie sind auf Mama angewiesen, um zu überleben. Sobald die Welpen selbstständig koten und urinieren können und feste Nahrung zu sich nehmen, wird auch die Mutterhündin sich immer wieder einmal von den Welpen entfernen. Dennoch sind diese natürlich nicht ganz allein. Die Welpenschar schläft gemeinsam eng aneinandergekuschelt. Ausflüge, um die Welt zu entdecken, werden immer mit einem oder mehreren Geschwisterchen unternommen. Zugleich wird der Kontakt mit der Menschenfamilie immer enger, die Sozialisierung auf den Menschen wird ausgebildet. Ab der sechsten Lebenswoche unternimmt ein guter Züchter Ausflüge mit seinen Welpen, anfangs noch gemeinsam mit allen, später aber nimmt er auch immer wieder einen Welpen einzeln mit. So lernt dieser von Anfang an, auch ohne seine Geschwister auszukommen und sich am Menschen zu orientieren. In kleinen Schritten wird gelernt, mit Verlust und damit auch mit der Verlustangst umzugehen und die Abwesenheit von Familienmitgliedern als selbstverständlich und natürlich anzusehen.

Alleinbleiben im neuen Zuhause

Wenn dein Welpe nun mit ca. 8 bis 9 Wochen in dein Zuhause zieht, solltest du ihn natürlich nicht sofort allein lassen. Den Verlust des Züchterhaushalts, der Mutterhündin, der Geschwister und der ihm bekannten Menschen muss der Welpe erst einmal verarbeiten. Er muss die neue Umgebung, den dort herrschenden Alltag, erst einmal kennenlernen. Deine wichtigste Aufgabe ist daher, zuerst einmal eine gute Beziehung zu deinem Welpen aufzubauen, sodass er sich an dir und seiner neuen Familie orientiert. Er muss zu jedem einzelnen Familienmitglied eine Beziehung aufbauen. Dennoch solltest du auch das erste Training in Bezug auf das Alleinbleiben aufbauen. Wird dein Welpe müde, legst du ihn in sein Körbchen oder in seine Schlafbox, sodass er sich ausruhen kann. Wacht dein Welpe nun auf, stellt er zunächst einmal fest, dass er offensichtlich allein ist. Du befindest dich aber natürlich in seiner Nähe und sitzt vielleicht nebenan auf dem Sofa. Wacht dein Welpe auf, stehst du nun wie zufällig auf, stellst dein Buch ins Regal oder holst dir ein Glas Wasser aus der Küche. Dein Welpe nimmt dich wahr, die kurze Schrecksekunde über das Alleinbleiben wird von positiven Gefühlen überlagert, da du als vertrauter Mensch anwesend bist.

Der 8 Wochen alte Nikan liegt entspannt in seiner Box und schläft, während Nicole neben ihm liest.

Nicole übt das Alleinbleiben mit Nikan.

Sie holt die Post vom Briefkasten, ohne sich von Nikan zu verabschieden.

Kommt sie ins Haus zurück, beachtet sie ihn nicht sofort.

In der Nacht eignet sich für den Welpen eine Schlafbox. Diese hilft nicht nur beim Aufbau der Stubenreinheit (siehe S. 36 ff.), sie kann auch beim Training für das Alleinbleiben eine gute Hilfe sein. Wenn du deinen, von den Erlebnissen des Tages, müden Welpen in die Box legst, lernt er, dass er nicht immer ganz nah bei dir sein kann, aber dennoch nicht allein ist. Günstig ist hierbei eine Box mit einer Öffnung oben, sodass du in den ersten Nächten noch die Hand in die Box halten kannst, bis dein Welpe eingeschlafen ist. Auch jetzt erfährt der Welpe beim Aufwachen wieder, dass er nicht alleingelassen ist, dass jemand da ist, der sich um ihn und seine Bedürfnisse (in diesem Fall, dass er sich lösen muss) kümmert. Das Gefühl, allein zu sein, wird damit weiter mit dem positiven Gefühl des „Umsorgtseins" verknüpft.

In kleinen Schritten zum Alleinbleiben

Nach ein paar Tagen des Eingewöhnens lässt du deinen Welpen zunächst einmal kurz allein. Du gehst ins Bad und schließt kurz die Tür, dein Welpe kann nicht hinterherlaufen. Du kannst also damit beginnen, deinen Welpen kurz allein in einem Raum zu lassen. Achte darauf, dass er sich in dem Raum wohlfühlt, er sollte z. B. seinen Liegeplatz dort haben. Zudem solltest du alles wegräumen, was aus Langeweile vom Welpen zerstört werden könnte. So kannst auch du ganz unbesorgt aus dem Raum gehen. Denn dein Welpe wird merken, wenn du angespannt bist und beim Zurückkommen erst einmal skeptisch alles beäugst. Verhalte dich so normal wie möglich, schließlich ist es auch für dich „keine große Sache". Daher solltest du deinen Welpen beim Zurückkommen auch nicht loben. Er weiß ja gar nicht, dass gerade ein „Training" stattgefunden hat. Zwar verknüpft er mit einem Lob dein Wiederkommen mit etwas Positivem, jedoch wird die Erwartungshaltung deines Welpen auf dein Zurückkommen erhöht. Mit der Zeit wird er immer angespannter warten, denn erst wenn du wieder da bist, gibt es ja die tolle Belohnung. Deshalb gehe einfach ins Zimmer und ignoriere deinen Welpen – nicht anfassen, nicht ansprechen, nicht anschauen. Am einfachsten fällt das uns Menschen, wenn wir eine Aufgabe haben. Hast du z. B. gerade aus dem Keller einen Karton geholt, räumst du diesen bzw. den Inhalt erst weg, bevor du dich dann wieder mit deinem Welpen beschäftigst. Bleibt dein Welpe für mehrere Minuten allein in einem Raum, kannst du das Training auch in Bezug auf die Haustür ausdehnen. Verlass nun die Wohnung bzw. das Haus, anfangs wieder nur kurz für wenige Sekunden, um z. B. die Post oder die Mülltonne hereinzuholen. Auch hier gilt dann wieder die Regel, den Welpen dabei möglichst zu ignorieren.

Bleibt dein Welpe für einige Minuten allein im Haus, ist der erste Schritt geschafft. Nun kannst du Schritt für Schritt die Zeit steigern. Am besten nimmst du dir einfach ein Buch und setzt dich damit ins Auto. Aber Achtung, dein Welpe darf nicht wahrnehmen, dass du draußen sitzt und wartest. Anfangs musst du die Zeit noch minutenweise erhöhen, ist die erste halbe Stunde geschafft, kannst du die Zeit dann immer schneller steigern. Hältst du dich an diesen Trainingsaufbau, kann dein Welpe durchaus lernen, nach etwa vier Wochen ca. vier Stunden allein zu bleiben.

Alleinbleiben beim erwachsenen Hund

Bei erwachsenen Hunden, die noch nicht gelernt haben, allein zu bleiben, handelt es sich wie bereits beschrieben um Trennungsangst. Gerade wenn man einen erwachsenen Hund aufnimmt, kann es sein, dass dieser einfach noch nicht gelernt hat, allein zu bleiben. Hunde aus dem Tierschutz, die aus Ländern im Süden kommen, in denen sie meist in einer Gruppe gelebt haben, kennen das Alleinbleiben oft gar nicht. Aber auch in Deutschland kommen immer wieder Hunde ins Tierheim, die bislang nicht allein bleiben mussten. Gerade Hunde, die den ganzen Tag mit einem älteren, nicht mehr berufstätigen Menschen zusammensein konnten, sind oft überfordert, wenn sich die Lebensumstände, z. B. durch den Tod des alten Menschen, auf einmal ändern und sie z. B. mit dem turbulenten Alltag einer Familie mit mehreren Kindern konfrontiert werden. Doch auch erwachsene, ja sogar alte Hunde können noch lernen und sich an veränderte Lebensbedingungen anpassen. Der Spruch, „Was Hänschen nicht lernt, lernt Hans nimmermehr", trifft hier also nicht wirklich zu. Allerdings fällt gerade alten Hunden das Lernen natürlich schwerer als jungen. Ein erwachsener Hund kann Situationen nicht mehr einfach so generalisieren, er muss jede Situation für sich erarbeiten und abspeichern. Das Training von erwachsenen Hunden, die das Alleinbleiben nicht gelernt haben, unterscheidet sich daher kaum vom Training mit einem Welpen. Du benötigst jedoch unter Umständen viel mehr Zeit und die Trainingsschritte müssen oft viel kleiner gestaltet werden. Zudem muss dein Hund lernen, mit unterschiedlichen Situationen umzugehen.

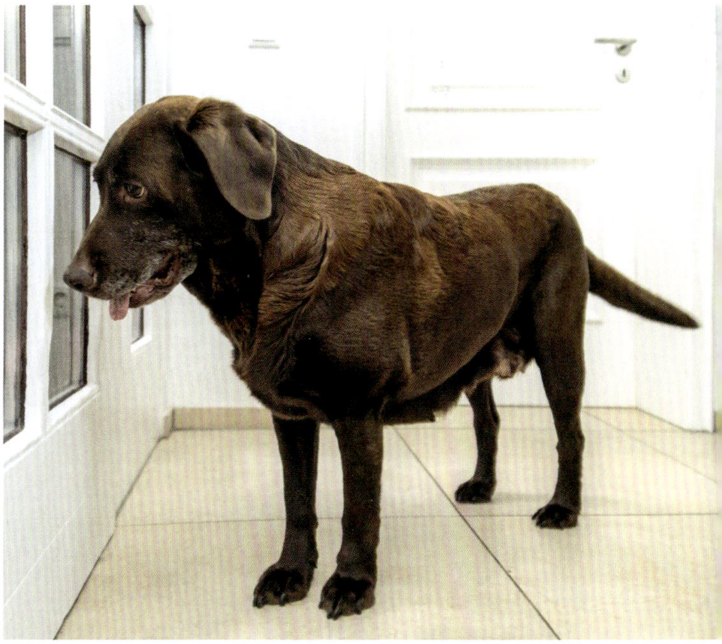

Bella hat elf Jahre mit anderen Hunden im Stall gelebt und kennt das Alleinbleiben im Haus nicht.

Nur weil das Alleinbleiben in der eigenen Wohnung mittlerweile für eine kurze Zeit gut und entspannt klappt, bedeutet das nicht, dass dies auch z. B. für die Ferienwohnung oder aber das Alleinbleiben im Auto gilt. Du musst das Alleinbleiben an anderen Orten genauso in kleinen Schritten aufbauen wie das Alleinbleiben in deiner Wohnung. Erst wenn dein Hund gelernt hat, an vielen verschiedenen Orten für eine längere Zeit allein zu bleiben, kann es sein, dass er generell kein Problem mehr damit hat. Vielleicht bleibt es in fremder Umgebung oder unter veränderten Bedingungen aber auch immer ein Stressfaktor. Achte daher gerade zu Beginn des Trainings darauf, für deinen Hund konstante Bedingungen zu schaffen.

Ignorieren lernen

Beginne das Training damit, indem du deinen Hund erst einmal häufiger ignorierst. Er soll nicht ständig im Mittelpunkt stehen, soll nicht ständig Aufmerksamkeit bekommen. Beobachte dich dabei einmal selbst. Wie oft sprichst du deinen Hund „einfach so“ an, wie oft streichelst du ihn im Vorbeigehen oder schaust ihm einfach nur zu? Wie oft reagierst du auf deinen Hund, der dich mit der Nase anstupst, den Lieblingsball anschleppt oder dich aus der Reserve lockt, indem er das Sofakissen klaut? Hilfreich ist hier auch eine Strichliste, die aufzeigt, wie das Verhältnis zwischen Aktion und Ignorieren wirklich ist (siehe S. 22/23).

Entspannung

Im nächsten Schritt muss dein Hund lernen, sich in einem Raum vollkommen zu entspannen. Entspannt wird dort, wo man sich wohl fühlt, wo wenig Aktion ist, sodass man nicht ständig in Anspannung sein muss. Daher eignet sich für das Alleinbleiben der Flur in der Regel wenig. Der Kontakt zur Außenwelt ist hier meist vorhanden, fremde Menschen laufen an der Wohnungstür vorbei, laute Geräusche wie das Leeren der Mülltonne durch die Müllabfuhr sind durch die Haustür zu hören, und gegebenenfalls kommt auch noch der Postbote und wirft die Post durch den Briefschlitz. Viele Menschen, die einen Hund hinter einer Haus- oder Wohnungstür hören, möchten dem Hund zudem helfen und beginnen ein Gespräch: „Na, bist du wieder allein, Bello?“ Aus dem gut gemeinten Hilfsangebot wird jedoch meist genau das Gegenteil, denn der Mensch kommt nicht rein, er beendet das Alleinbleiben des Hundes nicht und schafft somit keine wirkliche Entspannung. Sprich daher auch mit deinen Nach-

Bella muss in kleinen Schritten lernen, an vielen Orten allein zu bleiben wie z. B. auch im Auto.

Wenn Bella Aufmerksamkeit einfordert, geht Andrea nicht immer darauf ein, Bella wird oft ignoriert.

Nach einigen Monaten Training bleibt Bella für einige Stunden entspannt allein zu Hause. Meistens liegt sie dabei in ihrem Körbchen in der Ecke neben dem Sofa.

barn, dass sie den Hund in der Wohnung nicht ansprechen sollen und etabliere für deinen Hund einen Liegeplatz in einem Raum, in dem er entspannen kann, weit weg von Tür und Trubel. In der Regel eignet sich eine Ecke im hinteren Bereich des Wohnzimmers. Das Wohnzimmer wird in der Regel für ruhige Aktivitäten genutzt, es wird dort gelesen, fern geschaut, entspannt.

Signal „Decke"

Nun soll dein Hund seinen Liegeplatz als Ort der Entspannung verknüpfen und diesen gern und freiwillig aufsuchen. Beginne das Training erst einmal damit, dass dein Hund lernt, auf dein Signal auf die Decke zu gehen. Bereite dazu eine größere Menge an Leckerlis vor und stelle sie in die Nähe der Decke. Dann wirfst du ein Leckerli auf die Decke, dein Hund darf direkt hinterherlaufen und es fressen. Wiederhole diese Übung mehrfach, gern auch aus unterschiedlichen Positionen. Nach einigen Wiederholungen wirfst du kein Leckerli mehr. Warte einfach einen Augenblick ab, was dein Hund nun ausprobiert. Da es Leckerlis bisher immer auf der Decke gab, wird er im Idealfall auf die Decke laufen, was du sofort mit einem Leckerli belohnst. Vielleicht ist dein Hund aber nicht ganz so kreativ und hat nicht sofort die richtige Idee? Das ist nicht schlimm. Beobachte ihn genau. Schaut er vielleicht zur Decke? Dann belohnst du bereits dieses Verhalten, indem du ein Leckerli auf die Decke wirfst. Schritt für Schritt muss dein Hund sein Verhalten nun immer mehr steigern, also z. B. einen Schritt Richtung Decke machen, sich mit einem Bein auf die Decke stellen, bis er wirklich ganz auf der Decke ist, bevor es ein Leckerli gibt. Nun kannst du ein Signalwort wie z. B. „Decke" hinzufügen. Anfangs sagst du das Wort kurz bevor dein Hund die Decke erreicht, später immer ein wenig früher, bis du ihn mit dem Signalwort auf die Decke schicken kannst. Verändere jetzt noch die Distanz zur Decke. Anfangs stehst du keinen Meter von der Decke entfernt, dann kannst du immer weiter weggehen, bis du schließlich am anderen Ende des Raumes angekommen bist.

Carmen trainiert mit Dotty das Signal „Decke". Futterbrocken werden auf die Decke geworfen.

Nun muss Dotty ausprobieren, wofür es Leckerlis gibt: Der erste Schritt auf die Decke führt zum Erfolg.

Bleiben auf der Decke

Im nächsten Schritt dehnst du die Zeit, die dein Hund auf der Decke bleiben soll, aus. Dazu gehst du wieder näher an die Decke heran, denn sobald dein Hund das Signal „Decke" ausgeführt und auf der Decke seine Belohnung erhalten hat, gibst du ihm auf der Decke weitere Leckerlis. Er lernt so zunächst einmal, dass es sich lohnt, für längere Zeit auf der Decke zu bleiben. Zu Beginn gibst du die Futterstücke direkt hintereinander, später wartest du immer länger, bis er ein weiteres Futterstück bekommt. Kennt dein Hund bereits das Signal „Down" (Hinlegen), kannst du dieses nun zu Hilfe nehmen, sodass dein Hund sich in einer Position befindet, in der er entspannen kann. Im nächsten Schritt erhöhst du den Abstand zu deinem Hund, sodass er lernt, auch in Entfernung auf der Decke zu liegen und zu warten. Indem du dich jetzt selbst entspannst, zeigst du auch deinem Hund, dass Entspannung angesagt ist. Dazu setzt du dich am besten auf das Sofa und nimmst ein Buch in die Hand. Die Zeitspanne zwischen den Leckerlis sollte nun immer größer werden, bis du deinen Hund nur noch dann belohnst, wenn du die Übung nach 15 bis 20 Minuten beendest. Dein Hund soll lernen, auf der Decke zu entspannen. Dazu muss die Erwartungshaltung, ständig ein Leckerchen zu bekommen, reduziert werden und später ganz wegfallen. Das Liegen auf der Decke wird eine Selbstverständlichkeit, für die dein Hund keine Belohnung erwartet.

Freiwilliges Liegen auf der Decke

Parallel zu diesem Training soll dein Hund lernen, sich auch freiwillig auf die Decke zu legen. Dazu kannst du z. B. abends, wenn alle entspannt im Wohnzimmer sitzen, deinem Hund andere Liegeplätze unbequem machen. Nachdem er sich z. B. dicht vor dich und das Sofa gelegt hat, wartest du einige Minuten, dann stehst du auf und musst dringend etwas aus dem Schrank oder der Küche holen. Legt er sich woanders hin, läufst du wieder genau dort entlang. Dein Hund wird irgendwann merken, dass er so keine Ruhe findet. Sobald er auf

Carmen schickt Dotty aus der Distanz auf die Decke und gibt der Hündin das Signal „Down".

Hat Dotty verstanden, dass sie die Decke betreten soll, vergrößert Carmen die Entfernung zur Decke.

der Decke liegt, bleibst du entspannt sitzen. So wird dein Hund mit der Zeit die Decke als Liegeplatz annehmen, auf den er sich gern und freiwillig zurückzieht, um seine Ruhe zu haben. Zum Abschluss des Deckentrainings lässt du die Futterbelohnung ganz weg, damit die Erwartungshaltung deines Hundes auf eine Belohnung immer geringer wird. Achte aber darauf, dass du deinem Hund immer das Signal zur Freigabe gibst (z. B. „Lauf"), wenn du ihn mit Signal auf die Decke geschickt hast. Nur wenn er die Decke freiwillig aufsucht, darf er auch ohne Erlaubnis wieder aufstehen.

Was tun, wenn der Hund aufsteht?

Sollte dein Hund aufstehen, bevor du ihm die Freigabe erteilt hast, dann schimpf nicht mit ihm. Vermutlich war der Abstand zwischen dem Schicken auf die Decke, dem Liegenbleiben und der Freigabe noch zu groß. Bring deinen Hund kommentarlos zur Decke zurück und verringere den Zeitabstand, damit du ihn belohnen kannst und er eine positive Erfahrung macht.

Allein auf der Decke

Im nächsten Schritt lernt dein Hund für einen kurzen Augenblick allein in dem Raum zu bleiben, in dem sein Liegeplatz ist. Dafür solltest du ihn allerdings nicht zuvor auf der Decke ablegen, denn du wirst ja die Tür schließen und kannst somit nicht mehr kontrollieren, ob dein Hund wirklich liegen bleibt. Zudem soll er später auch nicht während deiner Abwesenheit die ganze Zeit nur auf seiner Decke liegen bleiben. Er darf sich natürlich im Raum bewegen, darf zum Wassernapf laufen, darf seine Position verändern. Im Idealfall legt er sich nach kurzer Zeit jedoch von selbst auf den zuvor positiv verknüpften Liegeplatz und bleibt dort entspannt liegen.

Zu Beginn der Übung ist Dotty alles andere als entspannt. Sie beobachtet Carmen genau.

Doch Dotty lernt, dass nichts mehr passiert und entspannt sich zusehends.

Martin zeigt Simone und Shadow das Training mit dem Futterbeutel. Apportiertraining macht vielen Hunden Spaß und lastet sie körperlich und geistig aus.

Auslastung ist wichtig!

Damit dein Hund beim ersten Alleinbleiben nicht direkt in Panik verfällt, solltest du ihn zuvor gut auslasten. Ein langer Spaziergang, eine Radtour, eine Suche oder ein Apportierspiel, wähle je nach Veranlagung deines Hundes das Passende aus. Wichtig ist dabei, dass die Beschäftigungsart deinen Hund sowohl geistig als auch körperlich fordert. Es macht also wenig Sinn, deinen Hund das erste Mal in dem vorgesehenen Raum allein zu lassen, wenn ihr gerade aufgestanden seid und dein Hund energiegeladen auf den Tag wartet. Allerdings solltest du auch nicht direkt im Anschluss an die aktive Phase das Alleinbleiben trainieren. Der Wechsel von gemeinsamer spannender Beschäftigung zu Inaktivität und Alleinsein ist einfach zu groß und wird deinen Hund nur stressen. Warte deshalb noch einige Zeit, bis dein Hund wieder ganz zu Hause angekommen ist und sich vollkommen entspannt auf seine Decke gelegt hat, bevor du das Haus verlässt und er allein bleiben muss.

Alleinbleiben in kleinen Schritten

Gehe nun kommentarlos aus dem Raum, schließe die Tür, gehe kurz in einen anderen Raum und komme dann wieder in den Raum zurück, in dem dein Hund wartet. Beachte deinen Hund jedoch beim Zurückkommen nicht, begrüße ihn nicht und lob ihn auch nicht, wenn er ruhig war. Schließlich geschieht gerade etwas vollkommen Normales. Auch wenn dein Hund zu jammern anfängt, gehst du wieder in den Raum zurück. Würdest du darauf warten, bis er mit der Jammerei aufhört, könnte das lange dauern und u. U. zu viel Stress für deinen Hund bedeuten. Das Training wird nicht weniger erfolgreich sein, wenn er jammert, da du ja wirklich nur für 3–4 Sekunden den Raum verlässt. Du kommst einfach zurück und erledigst weiter deine Aufgaben, egal was er macht. Nach vielen Wiederholungen wird er feststellen, dass es keinen Sinn macht, sich aufzuregen, da nichts Spannendes geschieht und du immer wieder zurückkommst. Erst wenn dein Hund bei deinem Weggehen entspannt liegen bleibt, darfst du die Zeitspanne steigern.

Anfangs handelt es sich dabei um Zeiträume von Sekunden. Es kann mehrere Wochen bis Monate dauern, bis ihr so weit seid, dass dein Hund 5–10 Minuten allein bleiben kann. Hast du es bis dahin geschafft, wird es künftig schneller vorangehen. Du kannst die Abstände nun minutenweise verlängern, bis dein Hund eine halbe bis ganze Stunde allein bleibt. Nun ist es fast geschafft, der Weg bis zu einer etwa vierstündigen Abwesenheit ist nicht mehr weit.

Organisieren eines Hundesitters

Gerade bei Trennungsangst benötigst du für dieses Training viel Geduld und vor allem viel Zeit. Du musst mit etwa 6 Monaten rechnen, in schweren Fällen auch mit bis zu einem Jahr. Wichtig ist, dass in dieser Zeit kein Rückschritt passiert. Du musst daher verhindern, dass dein Hund in der Trainingsphase länger allein bleiben muss, als er es bereits gelernt hat. Deinen Tagesablauf solltest du also so organisieren, dass du deinen Hund entweder mitnehmen kannst, oder dass ein Familienmitglied oder ein Bekannter, bei dem sich dein Hund wohlfühlt, so lange auf ihn aufpasst. Ein Hund, der unter Trennungsangst leidet, bleibt nämlich in der Regel auch dann problemlos allein, wenn sich ein Bekannter oder ein Mitglied der Familie, das nicht Hauptbezugsperson des Hundes ist, anwesend ist. Es geht ihm wirklich vorwiegend um das Gefühl, nicht allein sein zu müssen.

Schlüsselreize abbauen

Hunde sind perfekt darin, unsere Körpersprache zu lesen. Ein Hund mit Trennungsangst weiß daher genau, wann es wieder so weit sein wird und er allein bleiben muss. Er beobachtet seinen Menschen genau und speichert die kleinsten Anzeichen dafür ab. So ziehen Menschen, wenn sie mit dem Hund hinausgehen, in der Regel eine andere Jacke und andere Schuhe an, als wenn sie einkaufen oder zur Arbeit gehen. Das Aufnehmen des Schlüsselbundes, das Mitnehmen der Aktentasche oder des Einkaufskorbs, all dies können bereits Schlüsselreize für deinen Hund sein. Diese gilt es nun abzubauen, sodass sie für deinen Hund wieder neutral belegt sind. Zieh z. B. deine Arbeitsjacke und deine Schuhe an und setz dich aufs Sofa, um Kaffee zu trinken. Nimm den Schlüssel vom Schlüsselbrett, stecke ihn in deine Tasche und beginne zu putzen. Zieh deinen Bademantel an und führe eine kurze Übung des Alleinbleibens durch, indem du z. B. die Post hereinholst. Je häufiger du die Abläufe veränderst, desto besser!

Nachdem Denise sich ausgehfertig angezogen hat, setzt sie sich hin und liest in Ruhe in der Zeitschrift.

Im Bademantel verlässt Denise kurz das Haus, um die Post hereinzuholen.

Training an unterschiedlichen Orten

Du solltest das Alleinbleiben deines Hundes nicht nur zu Hause, sondern auch an anderen Orten trainieren. So kann dein Hund z. B. lernen, eine kurze Zeit im Auto zu warten. Auch unterwegs kannst du immer wieder Wartezeiten einbauen. Setz dich auf dem Spaziergang einfach einmal auf eine Bank. Nimm eine Decke mit und signalisiere deinem Hund, dass er sich auf die Decke legen soll. Anfangs sitzt du noch direkt neben deinem Hund, später rückst du immer ein Stück weiter von ihm weg. Egal wo du das Alleinbleiben übst, halte immer den hier beschriebenen Aufbau in kleinen Schritten ein, damit dein Hund nicht überfordert wird.

Das Training eines Hundes, der unter Trennungsangst leidet, ist langwierig und zeitaufwendig. Unter Umständen wird ein Alleinbleiben über einen längeren Zeitraum von mehreren Stunden auch niemals erreicht werden. Dann hilft nur, seinen Alltag so zu verändern, dass der Hund immer betreut wird. Glücklicherweise leiden jedoch nicht viele Hunde unter so starker Trennungsangst. Oftmals ist diese nur leicht ausgeprägt. Sehr häufig können Hunde aber aus anderen Gründen nicht allein bleiben, z. B. weil sie unterbeschäftigt sind oder ihren Menschen nicht kontrollieren können.

Kontrollverlust

Wer sich verantwortlich für andere fühlt, macht sich Sorgen, wenn er keinen Zugriff mehr auf diese Personen hat. Eine Mutter kennt dieses Gefühl genau! Unterwegs mit dem Kleinkind wird sie dieses im Gedränge des Einkaufszentrums an die Hand nehmen, damit sie es nicht aus den Augen verliert. Werden Mutter und Kind aus irgendeinem Grund getrennt, schnellt das Adrenalin der Mutter sofort in die Höhe. Wie soll das Kind in dieser Situation allein klarkommen? Wird ihm etwas passieren? Verletzt es sich, wird sie es wiederfinden? Viele Hunde haben das Gefühl, genauso wie eine Mutter für ihr Kind, verantwortlich für „ihren" Menschen zu sein. Sie fühlen sich als Entscheidungsträger im Familienverband, als Verantwortlicher, der sich um die anderen Mitglieder der Familie kümmern muss. Ursache hierfür können unklare soziale Strukturen sein. Ein Hund, der immerzu liegen darf, wo er will, der bestimmt, wann gespielt wird, wann er raus muss, wann es Futter gibt, trifft im Alltag die meisten Entscheidungen eigenständig. Kümmert sich der Mensch zudem außerhalb des Hauses auch nicht um die Belange des Hundes, indem er Kontakte mit anderen Hunden nicht regelt und somit auch hier dem Hund die Hauptverantwortung überlässt, kann der Hund zu der Überzeugung gelangen, dass er die Führungsrolle in der Mensch-Hund-Beziehung übernehmen soll. Dies führt häufig dazu, dass der Hund nicht mehr allein bleiben kann, denn wie soll der Mensch, der ja offensichtlich ständig seiner Hilfe und Aufsicht bedarf, außerhalb des Hauses allein zurechtkommen?

Martin erklärt Daniela, wie sie das Alleinbleiben mit Ty auch draußen üben kann.

Anfangs hat Ty noch Stress, er gähnt und bleibt angespannt sitzen.

Neuordnung der Sozialstruktur

Neben dem bereits beschriebenen Training für das Alleinbleiben steht hierbei an erster Stelle natürlich die Neuordnung der sozialen Struktur. Der Hund muss lernen, dass sein Mensch ab sofort die Verantwortung übernimmt und Entscheidungen trifft. Das bedeutet natürlich nicht, dass der Hund z. B. den Menschen nie mehr zu einem Spiel auffordern darf. Aber der Mensch entscheidet, ob er auf eine Spielaufforderung des Hundes eingeht oder nicht. Und gerade am Anfang sollte die Tendenz eher in Richtung Ignoranz des Hundes gehen.

Gestaltet man das Training in Kombination mit Übungen zum Alleinbleiben, lernen Hunde, die unter Kontrollverlust leiden, das Alleinbleiben in der Regel schneller als Hunde, die unter Trennungsangst leiden. Eine wirkliche Trennungsangst ist viel schwieriger zu therapieren, weil es sich um existenzielle Angst handelt. Leidet der Hund „nur" unter Kontrollverlust, weil er nicht sehen kann, was seine Menschen machen, bestehen gute Chancen, dass dieser Hund durch Verhaltensänderungen des Menschen entspannt, wenn niemand zu Hause ist.

Trennungsangst versus Kontrollverlust

Da das Training je nach Ursache anders aufgebaut werden muss, ist es wichtig zu erkennen, ob es sich bei einem Hund, der nicht allein bleiben kann, um einen Hund handelt, der das Alleinbleiben nicht gelernt hat, oder der gestresst ist, weil er keinen Einfluss mehr auf seine Menschen ausüben kann. Den Unterschied zu erkennen, ist in der Tat gar nicht so einfach, vor allem, weil bestimmtes Verhalten sowohl ein Indiz für Trennungsangst als auch für Kontrollverlust sein kann.

Nach einiger Zeit entspannt sich Ty und legt sich hin. Offenbar ist es doch nicht so schlimm, nicht direkt neben Daniela sein zu dürfen.

Viele Hunde begeben sich zum Heulen auf einen erhöhten Platz wie z. B. das Sofa.

Beim beschwichtigenden Anspringen klettert der Hund am Menschen hoch, die Ohren sind angelegt.

Laute

Hunde mit Trennungsangst zeigen meist Lautäußerungen in Form von Jaulen oder Heulen. Sie versuchen damit, Kontakt zu den Familienmitgliedern herzustellen, sie wieder zurückzurufen. Oft werden dazu sogar erhöhte Positionen eingenommen wie ein Tisch oder das Sofa, denn so kann man besser gehört werden. Hunde mit Kontrollverlust bellen dagegen eher laut und anhaltend, und das eher im Flur oder im Eingangsbereich, aufgrund der Frustration, ihren Menschen nicht kontrollieren zu können.

Körperliche Reaktionen

Körperliche Reaktionen wie Hecheln und Zittern können in beiden Fällen auftreten, genauso wie Zerstörungswut. Allerdings zerstören Hunde mit Trennungsangst eher Gegenstände in der Nähe der Eingangstür. Meist wird auch nur die Eingangstür zerkratzt, der Hund versucht verzweifelt, zu seinem Menschen zu gelangen. Dieses Verhalten setzt auch meist direkt mit der Abwesenheit des Menschen ein. Bei Kontrollverlust zeigt sich die Zerstörungswut dagegen oft erst etwas später, zudem werden eher Möbel zerstört, oder aber

Gegenstände, die dem Menschen gehören, für den der Hund sich zuständig fühlt. Kommt der Mensch nach Hause, ist der Hund in der Regel aufgeregt und springt um den Menschen herum. Dabei wird dieser oft auch angesprungen.

Bei Hunden mit Trennungsangst ist die Körpersprache eher beschwichtigend. Der Hund klettert eher an seinem Menschen hoch, legt die Ohren an und versucht, seinen Menschen am Mundwinkel zu lecken.

Bei Hunden, die unter Kontrollverlust leiden, wird die angestaute Frustration des Hundes gegenüber dem Menschen entladen, der Mensch wird korrigierend angesprungen. Der Hund springt dabei mit beiden Vorderpfoten frontal und mit voller Kraft gegen den Menschen.

Hunde mit Trennungsangst laufen ihren Menschen in der Wohnung viel und oft hinterher, allerdings im Vergleich zu den kontrollierenden Hunden nicht mit hoch erhobener Rute. Hunde, die unter Kontrollverlust leiden, zeigen generell im alltäglichen Zusammenleben eher kontrollierendes Verhalten. Sie beschränken ihre Halter oft räumlich durch Umkreisen, eine T-Stellung oder Ähnliches. Häufig setzen sie sich auch wie zufällig genau auf die Füße ihres Menschen oder legen sich so vor diesen, dass ihr Kopf auf dessen Füßen liegt. Natürlich wird auch ein unter Trennungsangst leidender Hund ab und an seinem Menschen den Weg abschneiden, hier geht es aber viel mehr um eine grundsätzliche Verhaltensrichtung.

Wichtig

Verhalten im Vergleich

Trennungsangst

- Eher Heulen
- Türen werden zerstört, meistens direkt nach der Trennung
- Submissives Anspringen
- Hinterherlaufen mit submissiver Körperhaltung
- Kaum weites Entfernen auf dem Spaziergang
- Alleinbleiben an allen Orten schwierig
- Alleinbleiben mit Hilfspersonen möglich

Kontrollverlust

- Eher Bellen
- Gegenstände werden zerstört, meistens einige Zeit nach der Trennung
- Frontales Anspringen, Rempeln
- Einschränken des Menschen durch T-Stellung und Weg abschneiden
- Häufig weites Entfernen auf dem Spaziergang
- Alleinbleiben an anderen Orten wie im Auto oft möglich
- Alleinbleiben mit Hilfspersonen nicht möglich

Verlust/Kontrolle

Auch auf Spaziergängen sind Hunde, die unter Trennungsangst leiden, oft „anhänglicher", was bedeutet, dass sie ihren Menschen nicht so gern aus den Augen verlieren, und wenn, dann höchstens nur kurz, aus Angst, man könnte sich verlieren. Daher können Hunde mit Trennungsangst auch nirgendwo allein bleiben. Hunde mit Kontrollverlust dagegen können z. B. oft an Orten allein bleiben, an denen sich ihr Mensch anders verhält wie z. B. im Auto. Hier sitzt der Hund nämlich in der Regel immer weiter vom Menschen weg, und zwar im hinteren Bereich. Der Mensch sitzt vorn, übernimmt die Führung und ignoriert den Hund in der Regel auch, da er sich ja auf den Verkehr konzentrieren muss. Scheinbar scheint der Mensch also in dieser Situation gut allein zurechtzukommen, sodass der Hund sich hier entspannen kann. Hunde mit Trennungsangst können dafür aber auch mit einem guten Bekannten bzw. mit „irgendeinem" Familienmitglied allein bleiben, Hunde mit Kontrollverlust beziehen diesen oft auf ein spezielles Familienmitglied, für das sie sich verantwortlich fühlen. Da hilft es dann auch nicht, wenn die Oma oder Nachbarn zu Hause sind und auf den Hund aufpassen.

Anspringen bei der Begrüßung

Die wenigsten Menschen mögen es, wenn sie vom eigenen oder einem fremden Hund angesprungen werden. Dabei ist Anspringen eigentlich nichts anderes als eine Kontaktaufnahme des Hundes mit dem Gegenüber. Sie kann jedoch sehr unterschiedlich ausfallen und damit eine jeweils völlig andere Bedeutung haben.

Beschwichtigendes Anspringen

Gleicht der Sprung eher einem Hochklettern und ist mit einer submissiven Körperhaltung des Hundes verbunden, ist dieses Verhalten vom Hund als Beschwichtigungsgeste gemeint! Der Hund hält dabei die Ohren angelegt, die Rute wird eher unten getragen, der Blick ist oft abgewendet. Das Anspringen kann mit dem Versuch verbunden sein, den Menschen am Mundwinkel zu lecken, was einer sich aus dem Futterbetteln entwickelten Beschwichtigungsgeste gegenüber einem Ranghöheren entspricht.

Diese Form des Anspringens findet man häufig in Begrüßungssituationen, nachdem der Hund einige Zeit alleingelassen wurde, aber auch in Situationen, in denen sich der Hund unsicher fühlt, z. B. wenn sich der Mensch bei der Begrüßung in freundlicher Absicht über den Hund beugt. Hier muss man die Körpersprache seines Hundes genau beachten und darf einen unsicheren Hund niemals bedrängen, wenn dieser sich einem zuwendet. Beim Nachhausekommen sollte der Hund zunächst einmal ignoriert werden, da Aufmerksamkeit dieses Verhalten noch verstärken kann. Erst wenn die Situation sich wieder normalisiert hat, geht man z. B. in die Hocke, wendet sich dabei jedoch seitlich ab und begrüßt seinen Hund ruhig und freundlich.

Korrigierendes Anspringen

Verläuft das Anspringen jedoch eher dynamisch, gleicht also einem heftigen Stoß, hat diese Form immer eine korrigierende Bedeutung. Ein Hund, der also sozusagen Anlauf nimmt und mit voller Wucht mit beiden Vorderpfoten dem Menschen in den Magen springt, meint dies immer als Korrektur. In der Kommunikation von Menschen untereinander gilt ein Abdrängen, Stoßen, Rempeln oder Wegdrücken als respektlos und angreifend bzw. korrigierend. Auch unter Hunden haben diese Formen des Rempelns und Weg-Abschneidens immer diese Bedeutung! Sie sollen das Gegenüber stoppen, auf Distanz halten, es in seiner Bewegung einschränken oder kontrollieren. Ursache für dieses Verhalten kann Distanz- oder Respektlosigkeit gegenüber dem Menschen sein. Diese Form des „Anspringens" kann in verschiedenen Alltagssituationen auftauchen. Oft sind es auch hier Begrüßungsmomente, Situationswechsel oder aber dynamische Bewegungen des Menschen. Für den Hund hat das Anspringen dann die Bedeutung, den Menschen wegen unerlaubten Entfernens bzw. unerlaubt dynamischer Bewegungen zu korrigieren. Denn dynamisch darf sich nur bewegen, wer auch das Recht dazu hat!

Trainingsaufbau Anspringen

Egal welche Intention hinter dem Anspringen eines Hundes steht, die meisten Menschen möchten ihrem Hund dieses Verhalten generell abgewöhnen. Denn nicht immer trägt man beim Nachhausekommen Kleidung, die „pfotenfest" ist und nicht kaputt geht. Zudem sind Hundepfoten in der Regel nicht sehr sauber, sodass die helle Hose nach dem Anspringen schnell dreckig ist und in die Reinigung muss.

Und gilt dies für den Halter des Hundes, so gilt dies erst Recht für Besucher oder Menschen, die man auf dem Spaziergang trifft. Selbst wenn es dir also egal ist, dass dein Hund dich anspringt, da du keine schicken Sachen trägst oder diese dann in die Waschmaschine tust, solltest du bedenken, dass andere Menschen das Verhalten deines Hundes sicher nicht so lustig finden. Dein Hund wird leider nicht unterscheiden können, dass er dich anspringen darf, dies bei anderen Menschen aber unterlassen soll. Daher sollten Hunde grundsätzlich lernen, Menschen nicht anzuspringen.

Ignorieren

Es gibt verschiedene Trainingsmaßnahmen, um seinem Hund deutlich zu machen, dass Anspringen keine Option ist. An erster Stelle steht hier zunächst einmal das Ignorieren. Ein Verhalten, das keine Aufmerksamkeit erfährt, wird erlöschen. Es lohnt sich einfach nicht! Hunde regeln untereinander viele Dinge über Ignoranz. In der Kommunikation unter Hunden ist immer wieder entscheidend, wer wen bewegt, wer Entscheidungen trifft. Souverän ist, wer es sich leisten kann, den anderen auch einmal nicht wahrzunehmen. Häufig wird beim Problem „Anspringen" aus diesem Grund empfohlen, nicht auf den Hund zu reagieren und sich einfach wegzudrehen. Allerdings ist das Wegdrehen auch eine Reaktion für den Hund. Ignoriere deinen Hund also wirklich. Gehe einfach kommentarlos durch ihn hindurch, fasse ihn nicht an, sprich ihn nicht an, schaue ihn nicht einmal an. Zieh deine Jacke aus, lege deine Einkäufe ab und verhalte dich einfach genauso, wie du es auch machen würdest, wenn kein Hund auf dich wartet.

Auch wenn das Anspringen des Deerhounds Blayne kraftvoll aussieht, ist es beschwichtigend gemeint.

Blayne legt die Ohren an, klettert an Martin hoch und leckt beschwichtigend dessen Mundwinkel.

Damit Malamute-Rüde Kobe Steven nicht anspringt, wird er beim Nachhausekommen erst einmal ignoriert.

Alternativ bekommt Kobe das Signal „Sitz“, um erst gar nicht auf die Idee des Anspringens zu kommen.

Signalkontrolle

Alternativ kannst du deinem Hund auch ein Signal geben, das sich mit dem Verhalten „Anspringen“ nicht vereinbaren lässt. Die einfachste Variante ist das Signal „Sitz“. Wenn der Hund sitzt, muss er mit allen vier Pfoten auf dem Boden sein, er kann dich also gar nicht anspringen. Zuerst solltest du das Signal „Sitz“ in einer entspannten Situation trainieren. Sobald sich dein Hund immer hinsetzt, egal wo du mit ihm bist und welche Ablenkung vorhanden ist, kannst du „Sitz“ auch in der Situation von ihm verlangen, in der er dich eigentlich gerade anspringen möchte. Belohne deinen Hund, wenn er sich hinsetzt.

Du kannst das Futter zur Belohnung auch auf den Boden werfen und deinen Hund zu einer Suche animieren. Er darf nun noch seine Nase einsetzen und die Futterstücke suchen. Daran haben viele Hunde Spaß, vergessen ganz das Zurückkommen ihrer Menschen und sind mit etwas Interessantem beschäftigt. Und du kannst in dieser Zeit einfach weitergehen, deine Einkäufe einräumen und zeitgleich die Situation beenden.

Besuch anspringen

Auch dein Besuch sollte sich entsprechend dieser Regeln verhalten. Dein Hund darf auch von deinen Gästen keine Aufmerksamkeit mehr erhalten, denn damit würde er wieder in seinem Verhalten bestärkt werden. Damit dein Hund fremde Menschen auf dem Spaziergang nicht anspringt, solltest du ihn im Freilauf zurückrufen, wenn dir andere Menschen entgegenkommen. Kommt es zu einer direkten Begrüßungssituation, gibt es wiederum zwei Möglichkeiten. Du kannst dich mit einem Fuß auf die Leine stellen, sodass dein Hund gerade noch ohne Zug stehen, sitzen oder liegen kann, ein Anspringen jedoch unmöglich wird. Halte dabei aber noch das Ende der Leine in der Hand, damit sie dir nicht unter deinem Fuß wegrutschen kann. Alternativ kannst du deinem Hund auch wieder ein Signal geben, das sich mit dem Anspringen der Person nicht vereinbaren lässt wie z. B. Sich-Hinsetzen oder -Hinlegen. Lege deinen Hund dabei deutlich hinter dir ab, so signalisierst du ihm, dass du nun zuerst die Begrüßung und damit das „Abchecken“ der Person übernimmst.

Zur Belohnung darf er Futterstücke suchen, die Steven ihm auf den Boden wirft.

Während Kobe mit dem Suchen der Futterstücke beschäftigt ist, kann Steven seinen Aufgaben nachgehen.

Besuch kontrollieren

Vor allem Hunde, die Menschen kontrollierend anspringen, haben häufig territoriale Intentionen. Sie korrigieren den Halter wegen „unerlaubten Entfernens", sie checken Besuch ab und übernehmen damit die Aufgabe der territorialen Verteidigung. Daher verwundert es nicht, dass gerade diese Hunde auch häufig Probleme mit der Anwesenheit von Besuch haben. Sie behalten den Besuch ständig im Auge, bei jeder Bewegung sind sie sofort vor Ort. Der Besucher wird bei jeder Bewegung verfolgt und begrenzt. Dies kann so weit gehen, dass der Besuch sich in der Wohnung gar nicht mehr bewegen darf. Steht der Besucher auf einmal auf oder macht hektische Bewegungen, kann es zu einer erneuten Korrektur durch Anspringen, im schlimmsten Fall sogar durch Beißen kommen. Selbst wenn der Besuch das Haus eigentlich wieder verlassen will, gestattet der Hund dies oft nicht mehr. Häufig bleibt dem Halter nichts anderes mehr übrig, als seinen Hund bei Besuch in einen anderen Raum zu bringen und ihn von Besuchern strikt fern zu halten.

Soziale Strukturen ändern

Bei Hunden, die alles kontrollieren, ist es besonders wichtig, zuerst einmal die sozialen Strukturen zu verändern. Sie fühlen sich für ihre Familie verantwortlich und meinen, den Alltag regeln zu müssen. Häufig liegt dies daran, dass sie im Alltag zu viele Privilegien haben, wie strategisch wichtige Liegestellen, freie Entscheidung über Futter und Zugang zu weiteren wichtigen Ressourcen wie Spielzeug etc. Zudem entscheiden sie häufig selbst, was wann gemacht wird. Sie bestimmen, ob und wie lange gespielt wird. Sie bewegen ihren Menschen – diese Hunde agieren, der Mensch reagiert. Schritt für Schritt müssen einem Hund, der sich so verhält, die Privilegien genommen werden. Er muss lernen, dass du für dich selbst verantwortlich bist und das Leben und den Alltag von dir und deinem Hund bestimmst. Damit ist jedoch nicht gemeint, dass du nun wie ein Despot alles bestimmst und dein Hund gar nichts mehr zu sagen hat. Vielmehr leitest und lenkst du das Leben deines Hundes so, dass dessen Bedürfnisse erfüllt werden, du jedoch jederzeit den Ablauf bestimmst.

Klingeltraining

Parallel zur Änderung der Sozialstruktur sollte dein Hund lernen, auf einer Decke zu liegen (siehe S. 59 ff.). Wenn dies ohne Ablenkung durch Besuch gut funktioniert, wird Besuch in das Training mit einbezogen. Zunächst einmal soll dein Hund lernen, beim Klingeln an der Tür zu seiner Decke zu laufen. Da diese entgegengesetzt zur Tür liegt, lässt sich dieses Verhalten nicht mit dem Verhalten „Besuch kontrollieren" vereinbaren. Dazu betätigt ein Bekannter die Klingel, während du deinen Hund zur Decke schickst und ihn dort belohnst. Danach gibst du ihn wieder frei. Nach einigen Wiederholungen verknüpft dein Hund mit der Klingel das Verhalten „Zur-Decke-Laufen", zumal ja auch kein Fremder die Wohnung betritt. Nun kannst du ab und an das Klingeltraining erweitern, indem dein Bekannter die Wohnung betritt. Da du dabei deinen Hund nicht kontrollieren kannst, wird er an einem in der Wand befestigten Haken oder an einem schweren Möbelstück angeleint. Würde dein Hund die Decke verlassen, müsstest du dich um ihn kümmern und ihn immer wieder auf seine Decke zurückbringen. Dein Hund würde somit ständig Aufmerksamkeit für unerwünschtes Verhalten bekommen und dieses würde sich verstärken.

Mithilfe der Leine muss dein Hund auf der Decke bleiben, du kannst ihn ignorieren und dich in Ruhe um deinen Besuch kümmern. Anfangs begrüßt du deinen Bekannten nur an der Haustür und gehst dann wieder zu deinem Hund zurück. Später darf dein Bekannter auch in die Wohnung und du kannst mit ihm ein kleines „Spiel" durchführen. Dieses sollte natürlich vorab mit ihm abgesprochen werden. Du gehst voran, dein Bekannter folgt dir ins Wohnzimmer. Dort angekommen, schickst du ihn auf das Sofa. Dazu zeigst du mit der Hand Richtung Sofa und verwendest das Signal „Sitz", während dein Bekannter sich hinsetzt. Hierzu sollten Signale und Sichtzeichen verwendet werden, die dein Hund aus seinem eigenen Training kennt. Dein Hund lernt dadurch, dass du den Bekannten offensichtlich gut im Griff hast, da dieser sich an deine Anweisungen hält. Je entspannter dein Hund bei Besuch wird, desto eher darf er ab und an natürlich auch abgeleint werden, und Besucher, mit denen er vertraut ist und bei denen ein direkter Kontakt unproblematisch und ungefährlich ist, begrüßen. Sind die eigenen „vier Wände" nicht ideal, da es im Wohnzimmer zu eng ist und dein Hund selbst angeleint nach dem Besucher schnappen könnte, kannst du ihn alternativ an einen Maulkorb gewöhnen.

Carlos liegt angeleint auf seiner Decke, während Caroline den Besuch ins Wohnzimmer bringt.

Sie bittet den Besuch, sich auf das Sofa zu setzen. Dabei verwendet sie Sicht- und Hörzeichen, die Carlos kennt.

Shadow soll daran gewöhnt werden, einen Maulkorb zu tragen. Martin erklärt die ersten Trainingsschritte.

Shadow darf ein Futterstück aus dem offenen Maulkorb herausnehmen.

Maulkorb-Gewöhnung

Ein Maulkorb muss dem Hund passen, er darf ihn sich nicht abstreifen oder wegen einer zu großen Öffnung doch noch zubeißen können. Zudem darf der Maulkorb den Hund natürlich nicht behindern, indem er in die Augen einschneidet oder die Atmung beeinträchtigt. Daher eignen sich generell Maulkörbe aus Plastik, Leder oder Metall, jedoch keine Nylonmaulkörbe, die die Schnauze fest umschließen.

Im ersten Schritt darf der Hund ein Futterstück aus dem Maulkorb nehmen, um sich an diesen zu gewöhnen. Damit er länger mit der Nase im Maulkorb bleibt, kannst du entweder ein längeres Futterstück verwenden, das du immer weiter nach oben schiebst, wenn dein Hund ein Stück abgeknabbert hat. Alternativ kannst du auch eine Futtertube verwenden, die du von unten durch die Öffnung im Maulkorb hältst. Dein Hund darf nun eine ganze Zeit lang schlecken. Wichtig ist, dass du das Training beendest. Füge ein Signalwort wie „Okay", „Ende" oder „Kopf hoch" hinzu und nimm die Futtertube weg. Dein Hund wird nun die Schnauze aus dem Maulkorb nehmen und so das Signalwort mit dieser Handlung verknüpfen. Das ist der erste Schritt, bei dem dein Hund lernt, die Schnauze so lange ruhig im Maulkorb zu halten, bis du diesen wieder abnimmst.

Im nächsten Schritt führst du die Riemen des Maulkorbs nach oben, um den Kopf des Hundes herum. Diese werden in einer weiteren Übungseinheit nun kurz geschlossen. Lässt dein Hund das alles zu, kannst du eine kleine Trainingseinheit wie z. B. das Ausführen von Tricks mit deinem Hund mit Maulkorb üben. Dein Hund wird sich so auf das Training konzentrieren, dass er den Maulkorb vergisst. Zudem kannst du ihn immer wieder belohnen und so das Tragen des Maulkorbs durch das Training und die Belohnung positiv aufbauen.

Im letzten Schritt muss dein Hund noch lernen, den Maulkorb auch dann zu tragen, wenn keine besonderen Aktivitäten erfolgen. Anstelle eines Trainings kannst du nun mit ihm spazieren gehen. So kann er aktiv sein, schnüffeln und laufen, es

Andreas gewöhnt Bearded Collie Denni an die Box. Anfangs darf sie Futterstücke aus der Box holen.

Im nächsten Schritt bekommt Denni ein Rinderohr. So liegt sie das erste Mal für eine längere Zeit in der Box.

Da Denni gern in die Box geht, schließt Andreas das erste Mal die Tür. Er bleibt aber in der Nähe.

findet jedoch kein besonderes Trainingsangebot mehr statt. Funktioniert das Tragen auf dem Spaziergang gut, lässt du deinen Hund den Maulkorb auch in der Wohnung tragen. Dabei darfst du ihn jedoch nicht allein lassen, denn er könnte mit dem Maulkorb irgendwo hängen bleiben und sich so verletzen oder erschrecken.

Hundebox

Anstatt den Hund auf eine Decke zu legen, kann er auch für kurze Zeit abgesichert in einer Hundebox untergebracht werden. Die Box muss natürlich aus einem festen Material sein, damit der Hund sich nicht befreien kann.

Training durch positive Verknüpfung

Damit dein Hund die Box positiv verknüpft, wirfst du ein Futterstück in die Box und lässt es deinen Hund holen. Im nächsten Schritt wirfst du mehrere Futterstücke in die Box, sodass dein Hund länger in der Box verweilen muss. Jetzt kannst du auch einmal kurz die Tür schließen, dein Hund darf sich jedoch noch nicht eingesperrt fühlen. Läuft dein Hund, sobald du Futter in die Hand nimmst, freiwillig Richtung Box, kannst du ihm z. B. auch einen Kauknochen geben, mit dem er länger beschäftigt ist. Möchte er mit dem Kauknochen wieder aus der Box heraus, nimmst du ihm diesen einfach wieder ab. Alternativ beginnst du nun auch, die Tür länger zu schließen. Kurz bevor dein Hund den Kauknochen gefressen hat, öffnest du die Tür wieder. Hat dein Hund damit keine Probleme, kannst du die Tür etwas länger geschlossen lassen, sodass er das erste Mal ohne Ablenkung in der Box warten muss. Du solltest jedoch in seiner Nähe bleiben, damit er sich nicht verlassen fühlt. Dazu kannst du dich anfangs einfach auf den Boden vor die Box setzen und z. B. ein Buch lesen. Nun kann Schritt für Schritt die Zeit, die der Hund in der Box warten muss, gesteigert werden und du kannst dich immer weiter von der Box entfernen. Natürlich darf dein Hund auf gar keinen Fall den ganzen Tag in der Box verbringen! Sobald er aber ruhig und entspannt in der Box liegt und wartet, kannst du diese für das Training mit Besuch verwenden.

Wenn Bellen zum Problem wird

Auch wenn Hunde hauptsächlich mithilfe der visuellen Kommunikation miteinander oder mit uns Menschen sprechen, also körpersprachliche Signale wie Ohren-Aufstellen, Gähnen, Blick-Abwenden etc. einsetzen, gehört die akustische Kommunikation auch zum ganz natürlichen Verhaltensbereich von Hunden. Hunde bellen, wuffen, knurren, jammern, winseln und dies in allen möglichen Tonlagen und Lautstärken. Wer einen Hund aufnimmt, muss also damit rechnen, dass es immer wieder Situationen geben kann, in denen der Hund Laute von sich gibt. Hunde bellen in den unterschiedlichsten Situationen: im Spiel als Aufforderung, wenn sie sich erschrecken, beim Drohen oder zur Verteidigung, als Kontaktaufnahme oder Antwort auf das Bellen eines anderen Hundes.

Hier werden Eindringlinge von dem weißen Schäferhund lautstark gemeldet.

Doch wenn der Geräuschpegel eine bestimmte Grenze übersteigt und über einen langen Zeitraum anhält, wird die Geduld der Menschen schnell auf die Probe gestellt. Zumal die meisten Menschen nicht mitten auf dem Land fernab jeglicher Zivilisation leben, sondern dicht an dicht mit vielen Nachbarn, die in ihrem Zuhause natürlich nicht von fremden Hunden gestört werden wollen. Sicher muss man als Nachbar hinnehmen, dass ein Hund ab und an bellt, jedoch ist eine dauerhafte Lärmbelästigung niemandem zuzumuten.

Genetische Veranlagung

Bellen tritt bei Hunden häufiger auf als bei Wölfen. Jedoch bellt nicht jeder Hund gleich viel. Dies hat unterschiedliche Ursachen. Es gibt Rassen, für die das Bellen in bestimmten Situationen zum Rassestandard gehört, wie z. B. beim Beagle und weiteren Jagdhunderassen, die bei der Jagd nach Wild Sicht- oder Spurlaut geben sollen. Andere Rassen sollen besonders sensibel sein, sie müssen auf kleinste Zeichen des Menschen reagieren. Solche Sensibilität bedingt auch häufig ein geringes Nervenkostüm, sodass der Hund seine Erregung schnell mit Bellen äußert, wie es z. B. viele Hütehunde wie der Sheltie oder Bearded Collie machen. Bei territorialen Rassen wurde Wert auf Wachsamkeit gelegt, und wer aufpasst, muss Gefahren auch melden. So verwundert es nicht, dass der Hovawart jeden Fremden, der am Haus vorbeigeht, lautstark meldet.

Der fünf Monate alte Australian Shepherd Jimbo findet das zusammengeklappte Zelt beim Fotoshooting unheimlich.

Claudia schaut sich das Zelt in Ruhe an, während Jimbo in einiger Entfernung warten muss.

Pubertäres Bellen

Gerade in der Pubertät bellen viele Hunde vermehrt. Diese Zeit der körperlichen Veränderung – der Hund entwickelt seine Sexualität, die Hormone schießen ein – führt bei vielen Hunden zu einer großen Verunsicherung, die sich durch häufiges Bellen zeigt.

Die Mülltonne, die gestern noch gar nicht wahrgenommen wurde, wird auf einmal vom Junghund als sehr gefährlich und suspekt eingeschätzt. Die Nackenhaare werden aufgestellt, der Hund macht sich klein, ist aber gleichzeitig auch neugierig und will das scheinbar unbekannte Objekt untersuchen. Hin- und hergerissen von neugieriger Annäherung und panischer Flucht zeigt sich dieser Zwiespalt durch eine hohe Erregungslage mit hysterischem Bellen und Warnwuffen. Wenn der Mensch den Hund nun zwingt, sich der Mülltonne zu nähern, indem er ihn mit der Leine hinter sich herzieht, wird der Hund überfordert und die Mülltonne auch künftig als gefährliches Objekt, das verbellt werden muss, abspeichert. Aber auch das oft gut gemeinte Zureden führt nicht zum Erfolg. „Die tut dir doch nichts", „Schau mal, die Mülltonne ist auch ganz lieb" gepaart mit einem Streicheln der Mülltonne oder gar einer Umarmung führen in der Regel dazu, dass der Hund die Mülltonne noch skeptischer betrachtet. Denn schließlich verhält sich sein Mensch sonst ja auch nicht so seltsam, also muss an der Mülltonne etwas nicht geheuer sein.

Situation selbst prüfen

In einer solchen Situation solltest du stattdessen deinen Junghund zunächst einmal warten lassen. Wenn er in dieser Situation das „Bleib" nicht sicher ausführen kann, bitte entweder einen Helfer, deinen Hund kurz festzuhalten, oder leine ihn an einem Pfahl oder Baumstamm in der Nähe an. Nun schaust du dir die Mülltonne gründlich und in Ruhe an, deinen Hund ignorierst du. Danach kehrst du zu deinem Hund zurück und lässt ihn frei laufen. Dann gehst du erneut Richtung Mülltonne, dein Hund darf dabei sein eigenes Tempo wählen. Wenn er möchte, darf er sich nun der Mülltonne nähern und diese erkunden. Sollte er sich das in dem Augenblick jedoch nicht zutrauen, belasse es einfach für diesen Tag dabei. Vielleicht traut sich dein Hund am nächsten Tag ja schon näher an die Mülltonne heran.

Dann gibt sie ihn frei, sodass er sich in seiner Geschwindigkeit dem Zelt annähern darf.

Probleme mit der Schilddrüse

Die Schilddrüsenunterfunktion ist eine bei Hunden gar nicht so seltene Krankheit. Sie kann unterschiedlich stark ausgeprägt sein und sich durch verschiedene Symptome zeigen. Problematisch ist, dass die Schilddrüsenunterfunktion nicht von heute auf morgen auftritt, sondern sich langsam entwickelt. Zeigt dein Hund über die Pubertät hinausgehend Symptome wie gesteigerte Ängstlichkeit, große Schreckhaftigkeit, häufig gekoppelt mit Aggressivität und Unberechenbarkeit, gepaart mit gesteigertem Bellen, starker Stressanfälligkeit sowie häufigen Stimmungsschwankungen, solltest du deinen Tierarzt aufsuchen und die Blutwerte der Schilddrüsenhormone T4 und fT4 bestimmen lassen. Sollten die Werte zu niedrig sein, sind die Hormone in zu geringer Konzentration vorhanden. Eine Behandlung erfolgt mit Tabletten, mit denen diese fehlenden Hormone dem Körper zugeführt werden. Die Behandlung muss in der Regel lebenslang durchgeführt werden, der Hund hat dadurch jedoch eine normale Lebenserwartung und gute Lebensqualität. Die zuvor geschilderten Symptome verschwinden unter der Tabletteneinnahme vollständig.

Unbewusste Verstärkung

Übermäßiges Bellen hat häufig jedoch sehr viel mit dem Sozialpartner Mensch zu tun. Durch unbewusstes Verstärken fördert der Mensch ungewollt das Bellverhalten seines Hundes. Bestes Beispiel hierfür ist das Verhalten vieler Hunde an der Tür, wenn es klingelt. Kein Welpe, der im Alter von ca. 8 Wochen zu seiner neuen Familie kommt, wird beim Ertönen der Türklingel zur Tür rennen und bellen. Er wird sich zunächst einmal im Hintergrund halten, wird seinen Menschen beobachten und abwarten, was passiert. Sehr häufig wird der Welpe aber mit zur Tür genommen und darf dort als erstes den Besuch begrüßen. Dieser ist natürlich vom entzückenden Fellbündel begeistert und wird sich sofort intensiv mit dem kleinen Hundekind beschäftigen. Der dazugehörige Mensch wird, wenn überhaupt nur mit einem kurzen „Hallo" begrüßt. So kommt der Hund mit der Zeit immer mehr zu der Überzeugung, dass die Türklingel „seinen" Besuch ankündigt. Einige Wochen später wird der junge Hund bereits mit dem ersten Ton der Klingel in freudiger Erwartung zur Tür rennen. Sein Mensch kommt hinterher und ist natürlich viel zu langsam. Es dauert und dauert, bis die Tür endlich geöffnet wird. Der Hund steht wartend vor der Tür und wird immer ungeduldiger und aufgeregter. Je nach Veranlagung des Hundes ist es bis zum freudig erregten Begrüßungsbellen nun nicht mehr weit ... Und wenn der Mensch dieses Bellen nun auch noch mit den Worten „Ja wer kommt denn da?" kommentiert, ist die Verstärkung perfekt, Bellen beim Ertönen der Türklingel ist spätestens jetzt erlernt und ein festes Ritual.

Richtiges Verhalten von Anfang an

Dabei wäre es so einfach, dieses Problem gar nicht erst entstehen zu lassen. Nimm deinen Welpen nicht mit zur Tür, er wartet stattdessen im Wohnbereich, hinter dem Eingangsflur. Hast du anfangs Bedenken, dass dein Welpe in dieser Zeit die Einrichtung zerstört, da kein anderes Familienmitglied auf ihn aufpassen kann, darf er auch angeleint mit zur Tür. Da sich dein Welpe nun aber an der Leine befindet, kann er nicht voranstürmen und deinen Besuch als Erstes begrüßen. Dies übernimmst du und instruierst deinen Besucher, den Welpen zunächst einmal nicht zu beachten. Gemeinsam geht ihr in die Wohnung, dein Welpe darf wieder frei laufen, wird jedoch weiterhin erst einmal ignoriert. Anfangs wird er vielleicht versuchen, die Aufmerksamkeit des Besuchs zu bekommen, indem er diesen anspringt, ein Spielzeug bringt oder fordernd bellt. Schnell wird er jedoch merken, dass er damit keinen Erfolg hat und das Verhalten einstellen: Es lohnt sich nicht! Hat dein Welpe eine Zeit lang ruhig abgewartet, darf dein Besucher selbstverständlich auch deinen Welpen begrüßen, ihn streicheln oder mit ihm spielen. Denn natürlich soll der Welpe viele nette Menschen kennenlernen, damit er diesen offen gegenüber eingestellt ist.

Training beim erwachsenen Hund

Auch wenn du dieses Training bei deinem Welpen verpasst hast, kannst du deinem erwachsenen Hund noch beibringen, sich bei Besuch ruhig zu verhalten, indem du das Training genauso aufbaust wie beim Welpen beschrieben. Vielleicht hat dein erwachsener Hund auch bereits gelernt, auf dein Signal zu seiner Decke zu gehen und sich dort hinzulegen? Nutze diese Übung und schick deinen Hund auf seinen Liegeplatz, sobald es an der Tür klingelt. Dort muss er nun so lange warten, bis du deinen Besuch begrüßt und hereingebeten hast (siehe S. 72).

Australian Cattle Dog Madoxx liebt das Apportierspiel, laut bellend fordert er einen erneuten Wurf ein.

Andreas ignoriert Madoxx so lange wie er bellt, und hält den Apportiergegenstand ruhig fest.

Forderndes Bellen

Forderndes Verhalten ist auch in vielen anderen Situationen Ursache für lautstarkes Bellen. Dein Hund hat Spaß am Apportierspiel und du wirfst ihm gern den Ball. Diesen bringt er auch freudig zu dir zurück, woraufhin er aufgeregt darauf wartet, dass du ihm den Ball erneut wirfst, damit das Spiel von vorne losgehen kann. Die Erregung durch das Spiel führt gerade bei bellfreudigen Hunderassen dazu, dass es ihnen gar nicht schnell genug gehen kann. Dauert es zu lange, bis der Mensch den Ball erneut wirft, beginnt der Hund zu bellen. Den meisten Menschen ist es unangenehm, wenn ihr Hund fordernd bellt, zudem wird dieses Bellen meist auch sehr hoch und lautstark ausgeführt. Viele versuchen nun, das Bellen zu unterbinden, indem sie den Hund beruhigen („Ist ja gut, ich werfe doch gleich wieder…“) oder ihn korrigieren („Hör jetzt auf damit!“). Beides hilft meist wenig, denn für den Hund bedeutet die Reaktion des Menschen auf sein Bellen nur, dass er einen Teilerfolg hatte: Der Mensch hat zumindest bemerkt, dass der Hund etwas wollte. Somit lohnt es sich weiter zu bellen, die Bemühungen zu verstärken. Der Mensch gibt auf und wirft, denn dann ist endlich Ruhe… Dass damit jedoch ein Kreislauf beginnt, der das Bellen des Hundes immer weiter verstärkt, ist vielen Menschen gar nicht bewusst. Auch wenn es schwer fällt, um das Bellen einzudämmen, darfst du deinen Hund auf keinen Fall bestätigen, indem du in dem Augenblick seine Forderung erfüllst und den Ball wirfst. Ignoriere ihn stattdessen, wirf den Ball nicht, sprich deinen Hund nicht an, schaue ihn nicht einmal an. Du wartest nun so lange, bis dein Hund ruhig und entspannt ist, erst dann geht es mit dem Spiel weiter. Oft hilft auch, die Übungen kontrollierter und ruhiger aufzubauen. Wenn dein Hund dem Ball nicht einfach nur hinterherhetzen darf, sondern sich vorab noch konzentrieren und eine ruhige Übung wie Sitzenbleiben oder Fußlaufen durchführen muss, wird er weniger erregt sein und somit weniger zum Bellen neigen. Lege z. B. den Gegenstand zuerst aus, bevor dein Hund zu ihm hinrennen darf.

Nachdem Madoxx aufgehört hat zu bellen und ruhig wartet, wirft Andreas den Gegenstand erneut.

Territoriales Bellen

Territorialität ist für Hunde genauso normal wie für uns Menschen. Auch wir grenzen uns ab, ziehen Zäune um unsere Gärten und Häuser, bauen Sichtschutzwände oder pflanzen Hecken zum Nachbarn. Wir möchten gern einen Bereich haben, in dem wir nicht gestört werden und der uns Sicherheit für die Familie bietet. Auch Hunde sehen den Kernraum für familiäre Aktivitäten vor: Hier erfolgt die Aufzucht der Welpen, es wird entspannt und ausgeruht sowie der soziale vertraute Kontakt miteinander gepflegt. Dazu ist Sicherheit notwendig, denn nur wer sich sicher fühlt, kann Tätigkeiten aus dem Komfortbereich oder auch gemeinsame spielerische Aktivitäten durchführen.

Die Weiße Schäferhündin Milka hat ein Geräusch gehört und läuft wuffend zur Tür.

Nicole schickt Milka wieder auf ihren Liegeplatz zurück, an dem sie bleiben soll.

Somit ist es natürlich, dass Hunde territoriales Verhalten zeigen. Die Ausprägung der Territorialität eines Hundes ist dabei angeboren. So wurde z. B. gerade bei Hunden aus der Rassegruppe der Haus- und Hofhunde viel Wert auf Wachsamkeit gelegt, diese Hunde sollten Haus und Hof bewachen, aufmerksam sein und jeden Eindringling melden. Nähert sich ein Fremder dem eigenen Haus, wird dieser durch Warnwuffen angekündigt. Genauso werden laute Geräusche in der näheren Umgebung, die der Hund nicht zuordnen kann, durch Warnwuffen kommentiert. Nähert sich ein Eindringling, geht das Warnwuffen in ein alarmierendes Bellen über, das anhält, bis der Eindringling erkannt und als Freund eingestuft wurde, sodass das Bellen in ein Begrüßungsbellen übergeht. Wird der Eindringling weiter als fremde Person, die es zu vertreiben gilt, eingestuft, erfolgt das Verteidigungsbellen, das so lange anhält, bis der Eindringling vertrieben wurde. Gerade bei Hunden, die z. B. den Postboten oder aber am Gartenzaun vorbeikommende Passanten als Eindringling einstufen, wirkt das Vertreiben des Fremden dann gleichzeitig als Verstärker. Denn der Postbote geht nach dem Einwerfen der Post weiter, der Passant geht am Gartenzaun vorbei und entfernt sich. Der Hund wertet das Verlassen des Grundstücks als Erfolg, wodurch sein Verhalten und damit das Bellen immer weiter verstärkt wird.

Territoriales Bellen kontrollieren

Den Hund für das Bellen zu korrigieren und es ihm zu verbieten, macht wenig Sinn. Denn schließlich ist die Territorialität eine Eigenschaft, die dem Hund innewohnt, die ihn ausmacht. Das Unterdrücken angeborener Eigenschaften kann keine Lösung im Umgang mit Hunden sein und wird im schlimmsten Fall zu Frustration oder Autoaggression, also Selbstverletzung des Hundes, führen. Daher musst du deinem Hund klarmachen, dass ihr ein Team seid, das die Aufgabe der Territoriumsverteidigung gemeinsam übernimmt. Dabei übernimmst du die wichtigen Aufgaben wie Sicherung der Haustür oder des Gartenzauns. Dein Hund darf Gefahren zwar durch ein Warnwuffen melden, weitere Verteidigungsmaßnahmen übernimmst aber dann du. Dazu schickst du deinen Hund auf seinen Liegeplatz (siehe S. 59 ff.), der an einer strategisch

Dann geht sie zur Tür und schaut selbst nach, ob Gefahr droht oder aber Besuch kommt.

Da niemand kommt, darf Milka wieder aufstehen und frei im Raum herumlaufen.

unwichtigen Stelle sein sollte. Denn es macht in dem Fall natürlich wenig Sinn, wenn sich der Hundekorb im Eingangsbereich direkt neben der Haustür befindet. Damit weist man seinem Hund vielmehr noch den Platz eines Pförtners und damit die Aufgabe eines Wächters zu! Nun stehst du auf und schaust demonstrativ aus dem Fenster oder über den Gartenzaun, um die Umgebung zu prüfen. Da du keine beunruhigenden Annäherungen feststellen kannst, setzt du dich entspannt wieder hin. Dein Hund darf nun wieder frei laufen. Beginnt er gleich daraufhin erneut zu wuffen, kannst du entspannt sitzen bleiben, schließlich hast du diese Gefahr bereits abgecheckt. Erst wenn ein neues Geräusch erfolgt, erneut ein Mensch vorbei läuft oder zu Besuch kommt, der mit Warnwuffen durch deinen Hund angekündigt wird, reagierst du wie zuvor und sicherst das Territorium.

Dein Hund lernt so, dass du offensichtlich auch die vermeintlich gefährlichen Geräusche gehört hast und handelst. Somit kann dein Hund entspannen, er braucht nicht selbst tätig zu werden. Auch in Bezug auf Besuch oder Passanten am Gartenzaun erfolgt das Training entsprechend.

Du kannst dabei gern auch einmal Passanten am Gartenzaun ansprechen und einen kleinen Plausch mit ihnen halten. Steht dein Hund nun auf, bringst du ihn kommentarlos wieder auf seinen Platz zurück und leinst ihn dort gegebenenfalls vorübergehend an, damit er nicht ständige Aufmerksamkeit beim Zurückbringen bekommt.

Starke territoriale Veranlagung

Hunde mit starker territorialer Veranlagung werden, auch wenn der Mensch Verantwortung für die Sicherung des Territoriums übernimmt, das Bedürfnis haben, selbst aktiv zu werden. Daher sollte man ihnen einen Bereich überlassen, in dem sie selbst territorial sein dürfen und damit die ihnen angeborenen Bedürfnisse zumindest teilweise befriedigen und ausleben können. Hierzu eignet sich z. B. der hintere Bereich eines Gartens, in dem es keine Kontakte zu fremden Menschen gibt, der Hund jedoch aufpassen kann. Dazu kann dieser Bereich z. B. auch mithilfe eines Zauns vom vorderen Bereich, der in der Regel zur Straße hin liegt, abgeteilt werden. Natürlich sollte man auch dabei seinen Hund immer im Auge behalten.

Probleme auf dem Spaziergang

Hunde müssen die Möglichkeit haben, sich zu lösen, sich zu bewegen und ihre Sinne einzusetzen. Sie brauchen Aktivitäten außerhalb von Haus und Garten.

Nicht selten wird der tägliche Spaziergang für Hundehalter zur anstrengenden Herausforderung, die viele Nerven kostet. An der Leine zieht und zerrt der Hund, sodass der Hausarzt kaum noch mit dem Verschreiben von Massagebehandlungen für schmerzende Schulter- und Nackenmuskeln nachkommt. Begegnungen mit Artgenossen werden nach Möglichkeit vermieden, man dreht um, läuft Bögen und geht sich, soweit es eben geht, aus dem Weg, da der eigene Hund zum Berserker mutiert, der, wie es den Anschein hat, den Kontrahenten am liebsten fressen möchte. Doch selbst wenn der Hund an der Leine ganz ordentlich läuft, soll er doch nicht nur angeleint draußen herumlaufen. Schließlich soll er auch einen gewissen Freiraum haben, soll draußen schnüffeln, Spuren verfolgen, sich mit Artgenossen austauschen und nett spielen, und sich einfach mehr bewegen, als es angeleint möglich ist. Doch kaum macht es „Klick“ und der Haken der Leine wird vom Halsband gelöst, startet der Hund durch und ist erst einmal weg. Da hilft kein Rufen, kein Pfeifen oder Locken mit Spielzeug, der Hund kommt erst dann wieder, wenn er seine Bedürfnisse nach Erkundung, Spiel mit Artgenossen oder Jagd seiner Meinung nach ausreichend befriedigt hat. Der Hundehalter ist auf dem Spaziergang mehr oder weniger allein und versucht lediglich, den Anschluss an seinen Hund nicht ganz zu verlieren. Von einer Partnerschaft mit gemeinsamen Aktivitäten kann hier kaum die Rede sein.

Vor allem jungen Hunden fällt es schwer, zu warten, wenn der Haken der Leine für den Freilauf gelöst wird.

Leinenführigkeit: Ein häufiges Problem

Heutzutage muss ein Hund lernen, an der Leine zu laufen. Die Zeiten, in denen Hunde frei auf dem Hof lebten, durch das Dorf stromerten und höchstens einmal im Jahr auf dem Weg zum Tierarzt an der Leine geführt wurden, sind lange vorbei. Heutzutage wird der Hund in der Regel zwei- bis dreimal täglich auf dem Spaziergang ausgeführt. Sowohl in der Stadt als auch auf dem Land herrscht immer mehr Verkehr, sodass ein Freilauf nur weitab der Straßen möglich ist. In der Regel muss man also erst einmal ein Stück weit mit seinem Hund an der Leine laufen, um in ein Freilaufgebiet zu gelangen.

Doch warum ziehen so viele Hunde an der Leine? Warum laufen sie nicht entspannt mit ihrem Menschen an lockerer Leine? Steckt dahinter etwa dominantes Verhalten? Möchte der Hund seinen Menschen beherrschen, ihm zeigen, wo es langgeht? Tatsächlich muss man sich bei manchen Mensch-Hund-Teams, denen man unterwegs begegnet, fragen, wer hier wen führt. Zunächst einmal muss man aber die Frage klären, was das Angeleintsein für den Hund eigentlich bedeutet.

Einschränkung des Hundes

Der Hund kann sich nicht in dem Tempo, das ihm gerade passt, bewegen. Er kann nicht in die Richtung oder an den Ort gehen, wo er gerade hinlaufen möchte. Für einen Hund ist eine solche Einschränkung erst einmal nicht verständlich. Bei auf der Straße wild lebenden Hunden gibt es solche Einschränkungen nicht. Kein anderer Hund führt ein Gruppenmitglied an der Leine oder schränkt seine Bewegungen draußen derart ein. Möchte sich ein Junghund von seiner Gruppe entfernen, um selbst die Gegend zu erkunden, eigene Erfahrungen zu machen, wird ihn kein erwachsenes Familienmitglied davon abhalten. Für den Hund ist das Laufen an der Leine also erst einmal ein unnatürliches Ver-

Wichtig

Laufgeschwindigkeit

1. Schritt
Der Schritt ist ein Viertakt, jeder Fuß wird also einzeln auf den Boden gesetzt. Die Fußfolge ist dabei z. B. vorne links, hinten rechts, vorne rechts, hinten links.

2. Trab
Der Trab ist eine Gangart im Zweitakt. Es werden die beiden diagonalen Fußpaare gleichzeitig gehoben, dazwischen gibt es eine mehr oder weniger ausgeprägte Schwebephase.

3. Pass
Der Passgang ist ebenfalls eine Gangart im Zweitakt. Hierbei hebt der Hund die beiden an einer Seite liegenden Füße gleichzeitig an, es kommt dadurch zu einem schaukelnden Gang.

halten. Hinzu kommt, dass die Laufgeschwindigkeit des Menschen selten zur natürlichen Laufgeschwindigkeit des Hundes passt, sodass dieser sich ständig zurücknehmen oder sein Tempo beschleunigen muss. Die normale Schrittgeschwindigkeit des Menschen ist für die Schrittgeschwindigkeit des Hundes häufig zu schnell, für den Trab aber zu langsam. Daher fallen viele Hunde in einen Passgang, der ihnen einen langsamen Trab erlaubt.

Entspannt an der Leine laufen

Für den Hund ist das Laufen an der Leine also keinesfalls ein natürliches Verhalten. Dennoch ist es ein Verhalten, das er erlernen kann. Der Mensch muss dem Hund beibringen, was er von ihm erwartet. Der Hund muss im Zusammenleben mit dem Menschen lernen, sich an diesen und sein Tempo anzupassen.

Den Alltag gestalten

Dazu gehört natürlich erst einmal die Motivation des Hundes, sich an den Menschen anpassen zu wollen. Ein Hund, der seinen Menschen weder spannend findet, der nie gelernt hat, sich an ihm zu orientieren, noch seinen Menschen bzw. dessen Bedürfnisse respektiert, wird nicht verstehen, dass es diesem wichtig ist, dass er nicht an der Leine zieht. Ein solcher Hund achtet nicht auf seinen Menschen, es interessiert ihn nicht, ob dieser an der Leine hinter ihm durch die Gegend gezogen wird. Daher gehört zum Training der Leinenführigkeit immer auch ein Alltagstraining. Dein Hund muss dich spannend finden! Es muss sich für ihn lohnen, auf dich zu achten, dich im Auge zu behalten. Je nach Veranlagung deines Hundes musst du ihn daher entsprechend beschäftigen. Ein gemeinsames aktives Apportierspiel, eine Suche nach einem von dir vorab versteckten Gegenstand, all das schweißt dich und deinen Hund zu einem Team zusammen, das gern gemeinsam draußen unterwegs ist und aufeinander achtet.

Aufstellen von Regeln

Aber nicht nur Spaß ist im Leben wichtig. Dein Hund muss auch lernen, dass es bestimmte Regeln gibt, an die er sich halten muss. Dazu gehört z. B., dass er im Haus nicht einfach so überall hindarf. Dazu kannst du entweder bestimmte Räume wie Küche oder Kinderzimmer tabuisieren, oder aber das Liegen auf dem Sofa nur auf dein Signal erlauben. Hat dein Hund gelernt, dass du zu Hause Regeln vorgibst, an die er sich halten muss, wird er auch draußen eher Einschränkungen durch dich akzeptieren. Zudem sollte dein Hund deinen Körper respektieren. Hunde untereinander spielen zwar gern körperlich, dennoch wird nicht einfach so wild in den anderen Hund gebissen oder dieser einfach umgerannt. Warum solltest du dich also freuen, wenn dein Hund Anlauf nimmt und frontal mit beiden Vorderpfoten zur Begrüßung in deine Magengegend springt? Das ist keine Freude, das ist respektlose Pöbelei. Einem Hund, der sich so

Shila hat sich dem Tempo ihres Menschen angepasst und schlendert im Passgang hinterher.

Schäferhund-Rüde Anton zieht beim Spaziergang stark an der Leine. Da er viel Kraft hat, muss Miriam die Leine in beide Hände nehmen, um ihn halten zu können.

verhält, wird es auch egal sein, wenn du an der Leine hinterhergerissen wirst, wenn er plötzlich in die Leine springt. Deshalb solltest du solche körperlichen Maßregelungen deines Hundes nie zulassen. Du kannst einfach einen Schritt ausweichen, sodass er ins Leere springt. Ignoriere deinen Hund in diesem Moment, bis er ein gemäßigtes Begrüßungsverhalten zeigt. Erst dann schenkst du ihm wieder Aufmerksamkeit.

Gesittet An-der-Leine-Laufen, ein notwendiges Übel?

Doch auch wenn du deinen Alltag mit Hund so gestaltest, dass dieser sich gern an dir orientiert, heißt das nicht automatisch, dass dein Hund auch entspannt an der Leine läuft. Wie bereits besprochen, ist das Laufen an der Leine für deinen Hund kein natürliches Verhalten. Im Grunde genommen ist es daher zunächst einmal nichts anderes als ein Trick, den du deinem Hund genauso beibringen musst, wie z. B. Männchen-Machen. Dein Hund muss erst lernen, welches Verhalten du von ihm erwartest, wenn du ihn an der Leine führst. Doch dabei sind einige Missverständnisse zwischen Mensch und Hund vorprogrammiert. Viele Menschen sehen in den Übungen zur Leinenführigkeit kein spannendes Training, sondern ein notwendiges Übel. Selbstverständlich muss der Hund lernen, an der Leine zu laufen, aber Spaß macht dieses Training nun wirklich nicht! Wieviel mehr Spaß macht es dagegen, seinem Hund das Pfötchen-Geben oder das Überwinden von Hürden beizubringen. An-der-Leine-Laufen ist dagegen einfach nur langweilig. Doch wie soll dein Hund Spaß daran finden, mit dir zusammen an der Leine zu laufen, wenn du selbst dabei nur negativ eingestellt bist und deinem Hund vermittelst, dass jetzt etwas furchtbar Langweiliges folgt?

Deshalb solltest du einfach einmal ein ganz anderes Leinenführtraining machen. Zunächst einmal kommt es bei diesem ersten Training nicht darauf an, dass dein Hund ganz eng neben dir herläuft. Dein Hund soll zu Beginn erst einmal lernen, dass An-der-Leine-Sein Spaß bedeuten kann. Nimm dazu deine Zwei-Meter-Leine und halte sie ganz am Ende fest. Nun wirfst du Futterbrocken auf den Boden, die dein Hund erjagen und fressen darf. Bewege dich dabei immer ein Stück weiter und

Im Training wird Anton am Halsband statt am Geschirr geführt. So lernt er, wann Ziehen nicht erwünscht ist.

ohne es überhaupt zu merken, hat dein Hund die ersten spannenden Schritte an der Leine mit dir zusammen zurückgelegt. Möchtest du also deinem Hund beibringen, entspannt an der Leine zu laufen, musst du als allererstes deine Grundeinstellung dazu ändern! Das gemeinsame Leinenführtraining mit deinem Hund kann wirklich Spaß machen! Freue dich über jeden noch so kleinen Lernfortschritt, denn hier liegt ein weiteres Problem.

Schritt-für-Schritt zum Ziel

Übt man mit seinem Hund z. B. das Überwinden eines Agilityparcours, hat man sehr viel Geduld. Erst werden die einzelnen Geräte geübt, danach setzt man Schritt-für-Schritt immer mehr Geräte hintereinander, bis der Hund schließlich nach einigen Monaten Training einen ganzen Parcours überwinden kann. Beim Leinenführtraining erwartet man dagegen, dass der Hund möglichst schnell versteht, was man von ihm will. Hat er gelernt, drei Schritte ordentlich an der Leine zu laufen, sollten morgen zehn Schritte und übermorgen gleich ein ganzer Spaziergang möglich sein. Oder etwa nicht? Schließlich möchte man ja auch irgendwann vorwärtskommen. Zudem hat der Hund ja auch verstanden, was man von ihm möchte, die drei Schritte läuft er wirklich wunderbar an der Leine! Du siehst, viele Hunde werden beim Training der Leinenführigkeit einfach überfordert. Die Schritte werden zu groß gestaltet, die ablenkende Umgebung ist nicht an den Trainingsstand angepasst. Wichtig ist deshalb, Geduld zu haben! Achte auf deinen Hund und steigere die Schwierigkeit immer nur angepasst an den Lernfortschritt deines Hundes. Beim Training der Leinenführigkeit dauert es genauso wie bei jedem anderen Training Monate, bis dein Hund die Übung in jeder Situation zuverlässig beherrscht. Nun wirst du dich sicher fragen, wie du bis dahin spazierengehen sollst? Man kann ja schließlich nicht für jeden Weg, den man zurücklegen muss, ein Training von mehreren Stunden einplanen!

Geschirr und Halsband

Der Unterschied zwischen dem Training einer Beschäftigungsform und dem der Leinenführigkeit besteht darin, dass man letzteres auch im Alltag braucht. Man muss seinen Hund anleinen, um von A nach B zu kommen, und das in der Regel von Welpe an täglich. Man kann keine Trainingspause machen und die Wege nicht immer auf den Trainingsstand des Hundes anpassen. Daher muss man sich hier mit einem kleinen Trick behelfen: Führe deinen Hund im Alltag an der Leine mithilfe eines Geschirrs. Jetzt darf dein Hund auch ziehen. Du kannst nun ganz entspannt mit deinem Hund von A nach B kommen, ohne den Trainingsstand bei der Leinenführigkeit berücksichtigen zu müssen. Für das Leinenführtraining befestigst du die Leine am Halsband deines Hundes. Immer wenn die Leine am Halsband befestigt ist, darf dein Hund nicht ziehen. Das wäre auch sehr unangenehm für ihn, da das Halsband ihn am empfindlichen Kehlkopf würgen würde. Mit diesem Trick kannst du die Leinenführigkeit immer an den Trainingsstand deines Hundes anpassen. Ist die ablenkende Umgebung noch zu groß, die Aufgabe zu schwer, klickst du die Leine einfach um ins Geschirr.

Ziehen an der Leine

Ob dein Hund gerade als Welpe bei dir eingezogen ist und du ihm das An-der-Leine-Laufen von Anfang an richtig beibringen möchtest oder dein Hund bereits erwachsen ist und aus der Leine ein andauerndes Zerrspiel macht, spielt für das Leinenführtraining keine Rolle. Beim erwachsenen Hund solltest du natürlich vorab prüfen, ob du deinem Hund genügend Sicherheit und Orientierung bietest oder ob das Leinenführtraining noch durch Änderungen im Alltag ergänzt werden muss. Das eigentliche Training an der Leine unterscheidet sich jedoch nicht. Natürlich kannst du deinem erwachsenen Hund auch einfach nur über das Leinenführtraining beibringen, an lockerer Leine zu laufen. In entspannten Situationen wird dies dann auch funktionieren. In Situationen, in denen dein Hund angespannt ist, in denen er seinen Bedürfnissen unbedingt nachgehen möchte oder aber Situationen klären will, wird ohne ein Alltagstraining, bei dem er gelernt hat, sich zurückzunehmen bzw. sich an dir zu orientieren, sämtliches Gelernte vergessen sein. Dieses Verhalten sieht man auch heute noch bei vielen Hunden, die die Leinenführigkeit im Laufe einer Ausbildung für die Begleithundeprüfung auf dem Hundeplatz erlernt haben. Auf dem Hundeplatz gehen diese Hunde an lockerer Leine, doch sobald es durch das Törchen des Platzes nach draußen in die richtige Welt geht, scheint sämtliches Training vergessen. Die Hunde stürmen vor und zerren ihren Menschen wild durch die Gegend. In der wirklichen Welt sieht eben alles anders aus!

Training der Leinenführigkeit

Zunächst einmal muss dein Hund lernen, dass er an lockerer Leine neben dir laufen soll. Gehe mit deinem Hund erst einmal in eine ablenkungsfreie Trainingsumgebung. Achte dabei darauf, was für deinen Hund schwierig ist. Einige Hunde können sich in Anwesenheit anderer Hunde anfangs nicht konzentrieren, andere Hunde reagieren auf Gerüche wie Spuren von Wild, indem sie mit der Nase und den Gedanken ständig am Boden sind. Lenke die Aufmerksamkeit deines Hundes auf dich und klicke die Leine vom Geschirr ins Halsband ein. Die Leine sollte zu Beginn des Trainings nicht zu kurz sein, da dein Hund sonst ständig sofort in die gespannte Leine läuft und du kaum Gelegenheit hättest, richtiges Verhalten zu belohnen. Natürlich darf die Leine auch nicht so lang sein, dass dein Hund sich ständig darin verheddert. Ideal ist für mittelgroße Hunde meist eine ca. 2 m lange Leine. Am besten, du stellst dich einmal neben deinen angeleinten Hund und hältst die Leine am Ende fest. Wenn diese nun in einem Bogen etwas über den Boden reicht, ist die Länge perfekt.

Schritt 1: Signal „Schau“

Nun beginnt das eigentliche Leinenführtraining. Würdest du nun einfach loslaufen, könnte es sein, dass dein Hund das in diesem Augenblick gar nicht mitbekommt, sodass sich die Leine direkt spannen würde. Daher trainiert du zuerst ein Aufmerksamkeitssignal, das deinem Hund künftig signalisiert, dass etwas passiert: Das Training beginnt oder ein Richtungswechsel steht an. Als Signal kannst du entweder ein Geräusch wie ein

Zunächst übt Nicole mit ihrer Mischlingshündin Emmy das Aufmerksamkeitssignal.

Schnalzen wählen oder auch ein besonderes Wort, wie z. B. „Look“ oder „Schau“. Warte, bis dein Hund aufmerksam ist und dich anschaut, sage dann das neue Signalwort und belohne ihn mit einem Futterbrocken. Für das Leinenführtraining bevorzuge ich die Belohnung mit Futter. Natürlich kann auf das Signal auch ein Spiel folgen, jedoch lässt sich über eine Futterbelohnung eine größere Anzahl von Übungen in einer bestimmten Zeit durchführen, da diese Art der Belohnung schnell beendet ist. Wiederhole die Übung einige Male, bis dein Hund dich auf das Signal erwartungsvoll anschaut!

Schritt 2: Sofort belohnen

Nun geht es los, der erste Schritt an der Leine folgt. Zuerst gibst du deinem Hund das neu erlernte Aufmerksamkeitssignal. Schaut er dich daraufhin an, läufst du einen Schritt geradeaus. Dein Hund wird neugierig auf das, was da kommt, folgen. Da du wirklich nur einen Schritt nach vorne machst, wird die Leine dabei locker bleiben und du kannst deinen Hund für diese tolle Leistung belohnen. Hast du etwa schon wieder im Kopf, dass das doch eigentlich gar keine Leistung war? Für einen Schritt soll dein Hund bereits eine Belohnung erhalten? Ja, denn genau dieser eine Schritt ist die Grundlage für alle weiteren Schritte. Daher musst du für das Training dieses ersten Schrittes wirklich viel Zeit und auch viel Belohnung verwenden! Je besser dein Hund diesen Anfang lernt, desto leichter werden ihm die folgenden Schritte fallen, und zwar wortwörtlich! Folgt dein Hund, erhöhst du die Schrittanzahl auf zwei bis drei Schritte. Wechsle nun die Anzahl der Schritte, mal belohnst du direkt nach einem Schritt, mal nach zwei oder drei. Dein Hund darf nie wissen, wann die Belohnung erfolgt! So bleibt er immer aufmerksam, denn es könnte ja bei jedem Schritt so weit sein. Nun kannst du die Strecke schrittweise immer mehr verlängern bis auf eine Strecke von ca. 50 Schritten. Viel länger solltest du nie geradeaus gehen, da dies für deinen Hund sehr langweilig ist und seine Konzentration dann nachlassen wird. Auch kannst du nun ein Hörzeichen hinzufügen. Dieses ist im Grunde genommen nicht notwendig, denn dein Sichtzeichen für Entspannt-an-der-Leine-Laufen hast du ja bereits zu Beginn aufgebaut, das Führen am Halsband. Dennoch macht ein Hörzeichen wie z. B. das Signalwort „Fuß“ Sinn, da du deinen Hund so z. B. auch einmal ohne Leine nahe bei dir führen kannst.

Emmy schaut Nicole aufmerksam an, jetzt ist es Zeit für den ersten Schritt an der lockeren Leine.

Die Hündin läuft den ersten Schritt an entspannter Leine mit. Das Training wird nun langsam aufgebaut.

Lilyen folgt Andrea bereits freilaufend „bei Fuß“ und orientiert sich dabei genau an ihr.

Beim Rechts-Abbiegen setzt Andrea den linken Fuß zuerst um die Ecke, damit Lilyen das Abbiegen bemerkt.

Schritt 3: Aufbau Signal „Fuß“

Viele Menschen bauen das Signalwort „Fuß“ leider immer noch falsch auf. Läuft der Hund an lockerer Leine neben seinem Menschen, reagiert dieser nicht, der Hund wird nicht gelobt, nicht bestätigt für das gute, erwünschte Verhalten. Geht der Hund dann irgendwann schneller, sodass die Leine auf Zug kommt, erfolgt das Signalwort „Fuß“, meist zusammen mit einem Leinenruck. Damit jedoch ein Signalwort mit einem Verhalten verknüpft wird, muss es anfangs gleichzeitig oder kurz nach bzw. vor dem richtigen Verhalten ausgesprochen werden. Erfolgt das Signalwort daher erst, wenn der Hund deutlich zieht, kann er das Wort „Fuß“ nicht mehr mit dem Verhalten „An-lockerer-Leine-Laufen“ verknüpfen. Zudem erfolgt mit dem Leinenruck eine Einwirkung in Form von positiver Bestrafung (siehe S. 25). Der Hund erfährt eine unangenehme Einwirkung, sodass Fußlaufen für ihn mit Sicherheit nicht mit angenehmen Gefühlen verknüpft wird, es entsteht keine entspannte Lernatmosphäre. Deshalb bring deinem Hund besser mithilfe der positiven Verstärkung bei, welches Verhalten du von ihm erwartest, anstatt ihm nur über Strafe zu signalisieren, was er alles falsch macht.

Schritt 4: Richtungswechsel

Kannst du nun vier bis fünf Schritte mit deinem Hund an lockerer Leine zurücklegen, ist es an der Zeit, einen Richtungswechsel einzufügen. Damit du deinen Hund nicht plötzlich mit der neuen Übung überraschst und ihn etwa anrempelst oder ihm davonläufst, sodass sich die Leine spannt, sprichst du ihn vor dem Richtungswechsel erst einmal mit dem Aufmerksamkeitssignal an. Schaut dein Hund dich danach aufmerksam an, biegst du deutlich in die neue Richtung ab. Das Abbiegen vom Hund weg ist zunächst einmal am einfachsten. Du kannst deinem Hund helfen, indem du den Richtungswechsel von ihm weg mit dem Fuß einleitest, der sich an der Seite deines Hundes befindet. So bemerkt er sofort deine veränderte Körperhaltung und kann seinen Laufweg entsprechend anpassen. Nach dem Richtungswechsel läufst du nur noch ein bis zwei weitere Schritte geradeaus, damit der Wechsel vollständig abgeschlossen ist und belohnst deinen Hund danach sofort wieder. Du musst dir bewusst machen, dass für deinen Hund das Abbiegen eine ganz andere Übung ist als das Geradeauslaufen, sodass du auch hier erst einmal wieder sofort nach den ersten Schritten belohnen musst.

Biegt Andrea nach links ab, setzt sie den rechten Fuß zuerst um die Ecke, damit Lilyen nicht bedrängt wird.

Lilyen hat nun Zeit, sich an Andrea zu orientieren und ebenfalls nach links abzubiegen.

Das Abbiegen auf deinen Hund zu ist in der Regel die schwierigere Variante, da du in den Laufweg deines Hundes läufst. Achte darauf, deinen Hund nicht anzurempeln oder zu bedrängen, du möchtest ihn ja nicht für etwas, das er noch gar nicht gelernt hat, korrigieren. Nach dem Aufmerksamkeitssignal biegst du nun in Richtung deines Hundes ab. Am besten leitest du den Richtungswechsel mit dem Bein ein, an dem sich dein Hund nicht befindet, da er so mehr Zeit hat, sich auf den Richtungswechsel einzustellen. Setz dazu dein Bein etwas vor deinen Hund. Erst wenn dein Hund den Wechsel bemerkt und annimmt, drehst du auch das andere Bein zusammen mit deinem Hund ein.

Schritt 5: Übungen kombinieren

Erst wenn das Abbiegen in beide Richtungen sicher in allen Situationen und auch bei unterschiedlichen Ablenkungen klappt, kannst du die einzelnen Übungen zusammensetzen. Kombiniere dazu deine vier bis fünf Schritte Geradeauslaufen mit einem Winkel und schließe daran noch einmal ein kurzes Stück Geradeauslaufen an. Du wirst merken, dass du nun die Trainingsschritte schneller steigern kannst. Doch du musst weiterhin aufpassen, dass du deinen Hund nicht überforderst. Davon, dass dein Hund eine Stunde lang entspannt neben dir läuft, bist du noch weit entfernt. Zumal eine Stunde einfach nur so neben dir an der Leine laufen für deinen Hund auch extrem langweilig ist! Gestalte daher das Leinenführtraining immer abwechslungsreich. Du kannst z. B. das Tempo variieren: Gehe einmal eine kurze Strecke im Laufschritt und falle dann direkt in einen extrem langsamen Schritt. Trainiere nicht nur Winkel, sondern auch 180-Grad-Wendungen. Du kannst dir auch spannende Untergründe suchen oder aber kleine Hindernisse in deinen Weg mit einbauen. Auf dem Trainingsplatz kannst du z. B. Stangen auf den Boden legen, über die du gemeinsam mit deinem Hund läufst. Im Wald eignen sich dazu dünne, auf dem Boden liegende Baumstämme. Auch ein Reifenparcours, bei dem du und dein Hund durch hintereinander liegende Motorradreifen laufen müsst, stellt hohe Ansprüche an die Konzentration deines Hundes. Du kannst dir auch einen kleinen Parcours ausdenken und z. B. Bäume, die in einigem Abstand zueinander stehen, umrunden. Nutze zwei eng aneinanderstehende Bäume als engen Durchlass, durch den ihr beide passen müsst.

Leinenführigkeit unter Ablenkung

Auch andere Menschen oder Mensch-Hund-Teams können das Training abwechslungsreich gestalten. Ein Mensch, der eng umrundet werden muss, ist eine große Ablenkung für deinen Hund. Anfangs führst du ihn noch an der Außenseite, später gehst du den Kreis auch andersherum und führst deinen Hund an der Innenseite. Er soll sich weiterhin auf dich konzentrieren und den Menschen nicht anspringen oder an ihm schnüffeln. Sitzt nun noch ein Hund neben dem Menschen, der umrundet werden soll, wird es richtig schwer! Du kannst auch Gegenstände oder Futter auf dem Boden auslegen. Gerade für jagdlich motivierte Hunde, die zusätzlich zum Leinenführtraining noch mit einem Apportiertraining ausgelastet werden und daher die Übungen mit Ball, Felldummy oder Futterbeutel kennen, ist die Ablenkung durch die aus dem weiteren Training bekannten Gegenstände groß! Zu Beginn solltest du im weiten Abstand am Gegenstand vorbeilaufen, bis du irgendwann auch deinen Hund ganz nah am Gegenstand oder sogar über den Gegenstand laufen lassen kannst. Ablenkungen mit Futter sollten anfangs gut gesichert sein, damit dein Hund nicht doch noch schnell an dieses herankommt. Am besten legst du das Futter z. B. unter ein Küchensieb, das mit Heringen befestigt wird. Lass deiner Kreativität freien Lauf! Du wirst sehen, wieviel Spaß ein solches Leinenführtraining machen kann.

Aggressionsverhalten an der Leine

Aggressionsverhalten an der Leine wird häufig auch als „Leinenaggression“ bezeichnet. Damit möchte man also nicht ausdrücken, dass der Hund aggressives Verhalten gegenüber der Leine zeigt, sondern dass er aggressives Verhalten an der Leine gegenüber Artgenossen oder manchmal auch Menschen zeigt. Ohne Leine sind Hunde mit Leinenaggression im Kontakt mit Artgenossen jedoch entspannt und zeigen kein gesteigertes aggressives Verhalten. Ein Hund, der sowohl an der

Mischlingshündin Emmy folgt Nicole an lockerer Leine über den am Boden liegenden Baumstamm.

Nicole und Emmy umrunden Roswitha und Shila. Emmy ist dabei sehr aufmerksam.

Emmy läuft an entspannter Leine, obwohl am Boden ein Brötchen unter einem Küchensieb liegt.

Auch wenn das Brötchen nicht mehr durch ein Sieb gesichert ist, folgt Emmy aufmerksam.

Leine als auch freilaufend aggressiv auf sein Gegenüber reagiert, hat ein grundsätzliches Problem in der Begegnung und Kommunikation mit anderen Menschen oder Hunden, weshalb ein vollkommen anderes Training notwendig ist. Dieser Hund muss generell erst einmal lernen, mit anderen Menschen oder Hunden entspannt zu kommunizieren bzw. mit ihnen, ohne Aggressionen zu zeigen, umzugehen. Hunde zeigen aus unterschiedlichsten Gründen aggressives Verhalten an der Leine. Meist entsteht das Verhalten schleichend und entwickelt sich über einen längeren Zeitraum. Anfangs fällt es einem oft gar nicht auf, dass etwas schief läuft, da die Anzeichen meist nur gering sind.

Unbewusst verstärktes Verhalten

Häufig wird der Hund am Anfang sogar unbewusst vom Menschen verstärkt. Junge Hunde freuen sich in der Regel, wenn sie einen Artgenossen erblicken. Bedeutet das doch meist ein ausgelassenes Spiel und viel Spaß miteinander. Gerade wenn der Mensch das entgegenkommende Mensch-Hund-Team kennt und weiß, dass eine Begegnung mit Freilauf unproblematisch ist, wird die Leine schnell gelöst. Und das auch, wenn der Hund dabei an der Leine aufgeregt herumspringt, nach vorne zieht und vor Aufregung über das bevorstehende Spiel vielleicht noch zu bellen beginnt. Wird die Leine jetzt gelöst, lernt der Hund, dass An-der-Leine-Ziehen und -Zerren zusammen mit lautstarkem Gebell offensichtlich zum Erfolg führt. Er kommt frei, das tolle Spiel kann beginnen. Auch in der Hundeschule sieht man diesen Fehler oft in Welpen- oder Junghundegruppen. Die Teilnehmer der Stunde stehen angeleint auf dem Trainingsplatz und warten aufgeregt in der gespannten Leine auf den Startschuss. Viel mehr Sinn würde es machen, jeden Hund zuerst einmal eine kleine Übung zusammen mit seinem Menschen machen zu lassen. Ein kleines Apportier- oder Suchspiel zeigt dem Welpen oder Junghund, dass die anderen Hunde zwar da sind, aber das Zusammensein mit dem Menschen noch viel aufregender sein kann und richtig Spaß macht. Die Leine ist nach dieser ersten Übung locker, der Hund entspannter und aus dieser ruhigen Situation heraus, werden die Hunde dann alle gleichzeitig abgeleint und dürfen jetzt auch miteinander spielen.

Mischlingshündin Shila hat gelernt, ruhig hinter Frauchen sitzen zu bleiben und zu warten.

Frustration

Nun kann ein Hund aber nicht immer frei laufen, wenn man unterwegs ein anderes Mensch-Hund-Team trifft. Sei es, weil gerade eine Straße in der Nähe ist oder man einfach keine Zeit für ein ausgiebiges Spiel hat. Bekommt ein Hund, der gelernt hat, dass Ziehen und Bellen an der Leine den Erfolg bringt, zum anderen Hund zu rennen, dieses Mal nicht die Möglichkeit zum Freilauf, wird er deutlicher demonstrieren, was er gern möchte. Er wird noch stärker an der Leine ziehen, wird in die Leine springen, um loszukommen, und wird seinen Frust darüber, dass er keinen Erfolg hat, durch immer lauteres Gebell deutlich machen. Ursache für das unerwünschte Verhalten an der Leine ist in diesem Fall also gar nicht Aggression, sondern Frustration! Ein Hund, der aus Frust an der Leine bellt, muss lernen, sich zu beherrschen. Um die Frustrationstoleranz des Hundes aufzubauen, hilft ein Impulskontrolltraining. Dazu lernt dein Hund anfangs erst einmal sitzen zu bleiben und zu warten. Dann steigerst du Ablenkungen in Form von fliegender Beute oder sich dynamisch bewegenden Menschen oder Hunden. Schafft es dein Hund, ruhig sitzen zu bleiben und zu warten, kannst du die Ablenkungen in dein Leinenführtraining einbauen.

Unsicherheit, Angst oder schlechte Erfahrung

Aber nicht immer ist Frustration die Ursache für unerwünschtes Verhalten an der Leine. Leider nehmen nicht alle Hundehalter Rücksicht aufeinander, und leinen ihren Hund an, wenn ihnen ein anderes Mensch-Hund-Team begegnet, dessen Hund an der Leine geführt wird. Dabei sollte es doch eigentlich selbstverständlich sein, einen Hund nur dann frei laufend zu einem anderen Hund zu lassen, wenn dieser ebenfalls frei laufend ist und man sich vorab mit dem Halter des Hundes verständigt und abgeklärt hat, dass eine Begegnung problemlos möglich ist. Trifft ein frei laufender Hund dagegen auf einen angeleinten Hund, wird es für diesen schnell unangenehm. Er kann einem Kontakt nicht ausweichen, kann keinen Bogen laufen, kann weder fliehen noch angreifen. Er ist dem anderen Hund ausgeliefert. Dabei braucht der andere Hund gar nicht aggressiv auf den angeleinten Hund zuzulaufen. Allein dadurch, dass die Individualdistanz des angeleinten Hundes unterschritten wird und dieser keine Möglichkeit hat, sie wieder herzustellen, können unangenehme Gefühle entstehen. Der Hund fühlt sich bedrängt, unsicher, er kann nicht ausweichen. Was bleibt ist die Möglichkeit, den Individualabstand durch aggressives Verhalten wieder herzustellen. Der Hund zeigt Aggressionen, um den anderen Hund auf Abstand zu halten. Gelingt dies, bestätigt das den angeleinten Hund in seinem Verhalten, was wiederum dazu führen wird, dass er künftig immer früher aggressives Verhalten zeigt, um Begegnungen mit anderen Hunden zu verhindern. Wenn der frei laufende Hund nun bei der Begegnung auch noch so stürmisch ist, dass er den angeleinten Hund körperlich bedrängt, ihn also z. B. anrempelt oder sogar aggressives Verhalten zeigt, steigert dies die Problematik weiter. Der angeleinte Hund musste nicht nur einen Angriff befürchten, sondern auch tatsächlich erleiden. Dabei soll die Leine dem Hund doch eigentlich Sicherheit geben. Er soll sich angeleint am Menschen orientieren, sich auf die Führung durch seinen Menschen verlassen. Reagiert dieser nun also nicht, indem er den anderen Hund abhält und eine Konfrontation vermeidet, lernt der angeleinte Hund zudem, dass er sich auf seinen Menschen offensichtlich nicht verlassen kann. Das Gleiche gilt natürlich auch bei der Begegnung zweier Hunde an der Leine, auch hier sollte ein Hund den anderen Hund nicht bedrängen.

Vertrauen in den Menschen

Ein unsicherer Hund muss lernen, dass er seinem Menschen vertrauen kann. Hierzu können z. B. gestellte Begegnungen mit Hunden trainiert werden. Der Hundetrainer nähert sich mit einem ruhigen, entspannten, eventuell frei laufenden Hund dem Mensch-Hund-Team mit angeleintem Hund. Bemerkt der angeleinte Hund den anderen Hund, zeigt aber noch kein aggressives Verhalten, stellt sich der Mensch vor seinen angeleinten Hund und schickt den anderen Hund mit einem deutlichen Zeichen weg. Dieser Hund sollte natürlich gelernt haben, auf die Signale fremder Menschen zu reagieren und sich auf das Zeichen des Menschen zu entfernen. Der unsichere Hund lernt so, dass sein Mensch das Handeln übernimmt und er sich entspannen kann. Parallel dazu weicht der Mensch Begegnungen mit frei laufenden Hunden, die er nicht kontrollieren kann, aus, indem er einen großen Bogen läuft oder sogar einfach umdreht. Bleibt der Mensch dabei entspannt und dreht einfach um, als habe er im Auto etwas vergessen, was er noch holen wollte, wird der Hund das Umdrehen auch nicht als Alarmzeichen werten.

Die kleine Hündin Shila fühlt sich durch die stürmische Kontaktaufnahme von Emmy bedrängt.

Nach der defensiven Aggression von Shila, um Emmy auf Abstand zu halten, reagiert diese auch aggressiv.

Verteidigung einer Ressource

Viele Hunde zeigen aggressives Verhalten an der Leine, da sie Angst haben, eine Ressource zu verlieren. Dabei kann es sich um eine Beute wie z. B. den heißgeliebten Futterbeutel handeln, den der Mensch bei sich trägt. Der Hund traut seinem Menschen dabei die Sicherung der Beute nicht zu, er reagiert aggressiv auf das Näherkommen von Artgenossen, um diese davon abzuhalten, sich der Beute zu nähern. Auch hierbei wirkt die gezeigte Aggression bei Erfolg gleichzeitig als Verstärker. Schafft es der Hund, den sich nähernden Hund zu vertreiben, wird er künftig immer früher beginnen, andere Hunde an der Leine aggressiv zu vertreiben. In der Regel zeigen diese Hunde jedoch auch frei laufend Aggressionen gegenüber anderen Hunden in Bezug auf Beute. Läuft dieser Hund nämlich gerade in Richtung geworfenem Futterbeutel, wenn plötzlich ein anderer Hund auftaucht, lässt er den Futterbeutel liegen und schießt mit aggressivem Verhalten in Richtung des ankommenden Hundes. Die Beute muss verteidigt werden!

Ressource Mensch

Aber auch der Mensch selbst kann als Ressource angesehen werden, denn Sozialkontakt zählt zu den wichtigen Ressourcen eines Hundes. Sozialkontakt kann dabei innerhalb eines Familienverbandes zeigen, wie die Rangordnung unter mehreren Hunden ist. Ist ein Mensch begehrter Sozialpartner, zeigt sich die Rangordnung bei mehreren Hunden im Haushalt z. B. häufig dadurch, dass der ranghohe Hund sehr nah beim Menschen liegen darf. Beim Streicheln möchte er gern immer der Erste sein und drängt dabei die anderen Hunde auch weg, bzw. stellt sich zwischen diese und den Menschen, sodass er sie auf Distanz hält. Natürlich dürfen und sollen Hunde, die in einer Familie zusammenleben, eine Rangordnung ausbilden, da dies zu einem entspannten Zusammenleben führt. Dennoch entscheidet der Mensch, wen er wann streichelt. Daher sollte man die Rangordnung zwar beachten und den ranghöchsten Hund zuerst streicheln, jedoch wird dieser Hund dann auch einmal auf seinen Platz geschickt, wenn die anderen Hunde mit Sozialkontakt an der Reihe sind. Ein Hund, der meint, uneingeschränkt über den Sozialpartner Mensch verfügen zu können, wird diese Ansprüche auch auf dem Spaziergang an der Leine durchsetzen wollen. Sich nähernde fremde Hunde werden dann durch aggressives Verhalten auf Distanz gehalten. In diesem Fall ist also eine Veränderung des Alltags parallel zu einem Leinenführtraining wichtig, da nur so die grundlegend falsche Einstellung des Hundes zu seinem Menschen verändert werden kann! Eigentlich entspricht ein solches Verhalten also nicht einer Leinenaggression, da der Hund das Verhalten auch freilaufend zeigt. Bei einem Hund, der den Menschen als Ressource betrachtet, müssen Veränderungen im Alltag erfolgen. Der Mensch achtet nun darauf, dass er entscheidet, ob gespielt wird oder nicht. Der Hund wird immer wieder einmal auch auf Distanz gehalten, indem er lernt, auf einem ihm zugewiesenen Platz für eine gewisse Zeit zu bleiben. Die Ablenkung dabei wird langsam gesteigert. Später einmal kann man auch trainieren, dass der Hund angeleint im Sitz-Bleib wartet, während der Mensch einen anderen Menschen oder Hund begrüßt und dann auch umarmt oder streichelt.

Der mag keine anderen Rüden

Viele Menschen berichten, dass ihre Hunde nur dann aggressiv an der Leine reagieren, wenn ihnen Hunde des gleichen Geschlechts entgegenkommen. Gerade bei Rüden wird das aggressive Verhalten oft nur gegenüber unkastrierten Rüden gezeigt. Schaut man sich diese Hunde im Freilauf an, stellt man aber fest, dass sie auch im Freilauf bei der Begegnung mit gleichgeschlechtlichen Artgenossen nicht wirklich entspannt sind und häufig auch hier mit aggressivem Verhalten reagieren. Daher ist das aggressive Verhalten an der Leine aufgrund sexueller Motivation eigentlich keine wirkliche Leinenaggression. Ein Training muss somit genau wie bei der Verteidigung von Ressourcen Veränderungen im Alltag beinhalten.

Jennifer lenkt die Doggen-Mischlingshündin Batida mit Futter vom entgegenkommenden Hund ab und dreht dann entspannt um. So vermeidet sie eine direkte Konfrontation.

Training bei Aggression

Bevor du mit dem eigentlichen Training bzgl. der Leinenaggression deines Hundes beginnst, muss dein Hund erst einmal lernen, ohne ablenkende Reize entspannt an lockerer Leine zu laufen. Du musst ihm also zunächst einmal zeigen, welches Verhalten du eigentlich von ihm möchtest. Beginne mit der Leinenführigkeit wie bereits beschrieben (S. 88 ff.) und baue sie in kleinen Schritten auf.

Begegnungen vermeiden

Auf Spaziergängen solltest du in dieser Zeit erst einmal Begegnungen mit anderen Hunden vermeiden, indem du einen ausweichenden Bogen läufst oder aber entspannt umdrehst und die Richtung wechselst. Zeige deinem Hund, dass du gerade kein Interesse an einer Begegnung mit dem anderen Hund hast, indem du ausweichst und den entgegenkommenden Hund ignorierst.

Falls es doch einmal zu einer Situation kommt, in der du einer Begegnung nicht ausweichen kannst, versuche deinen Hund abzulenken. Hol einen Futterbrocken heraus, den dein Hund unwiderstehlich findet. Häufig hilft hier auch der Einsatz einer Futtertube, die z. B. mit Leberwurst gefüllt ist. Während das andere Mensch-Hund-Team euch passiert, lässt du deinen Hund etwas Leberwurst aus der Tube schlecken. Übe dann auch das Laufen an der Leine mit Futtertube in entspannten Situationen ohne Hundebegegnung, da sonst das Herausholen der Futtertube zu einer Ankündigung werden kann. Dein Hund würde die Futtertube mit dem Erscheinen des anderen Hundes verbinden und beginnen, die Umgebung nach dem Kontrahenten abzuscannen. Auch wenn dein Hund nun kein aggressives Verhalten mehr zeigt, ist diese Erste-Hilfe-Maßnahme keinesfalls dazu geeignet, die Leinenaggression deines Hundes zu vermindern. Denn dein Hund nimmt im besten Fall den anderen Hund gar nicht mehr wahr, er setzt sich also gar nicht mit der Hundebegegnung auseinander. Lässt du die Futtertube weg, wird dein Hund somit weiterhin aggressives Verhalten an der Leine zeigen. Daher ist das Ablenken durch Futter nur als „Erste-Hilfe-Maßnahme" geeignet.

Martin übt mit Mischlingshündin Chipsie das Apportieren des Futterbeutels.

Nachdem er den Beutel geworfen hat, schickt er Chipsie mit Hörzeichen und Handbewegung in Richtung Beute.

Alternativverhalten „Beute tragen"

Aggressives Verhalten an der Leine besteht häufig schon über einen langen Zeitraum und ist daher oft stark ritualisiert. Um den Kreislauf „Hund sehen – In-die-Leine-Springen – Aggressives-Verhalten-Zeigen" zu unterbrechen, hilft vielen Hunden ein Alternativverhalten, mit dem sie sich anstelle des aggressiven Verhaltens beschäftigen können. An erster Stelle steht dabei das Tragen von Beute. Dazu musst du deinem Hund zunächst das Beutetragen beibringen. Beginne mit einem einfachen Apportiertraining, dein Hund soll zunächst einmal lernen, dir die Beute zu bringen. Dazu nimmst du deinen Hund an die Schleppleine, damit er sich nicht mit der Beute davonstehlen kann. Dann wirfst du die Beute und lockst deinen Hund zu dir. Belohne in kleinen Schritten das Bringen der Beute.

Bringt dein Hund zuverlässig die Beute zu dir, kannst du das Tragen von Beute in deiner Nähe aufbauen. Gehe in dem Augenblick, in dem dein Hund mit der Beute bei dir ankommt, einige Schritte von ihm weg, bevor du ihm dann die Beute abnimmst. Anfangs kannst du rückwärts von ihm weglaufen, später drehst du dich um, sodass dein Hund neben dir herläuft. Im nächsten Schritt dehnst du die Zeit, die dein Hund neben dir herlaufen soll, immer weiter aus. Du kannst ihm jetzt auch das Signal „Fuß" geben, das dein Hund natürlich zuvor gelernt haben muss (siehe S. 88 ff.).

Das Apportieren wird nun immer weiter abgebaut, du trainierst immer mehr das Beutetragen. Nimm dazu deinen Hund anstelle der Schleppleine an die normale, kurze Leine. Die Beute wirfst du anfangs noch auf den Boden, später darf dein Hund die Beute auch einfach aus deiner Hand nehmen. Damit das Tragen abwechslungsreicher wird, kannst du nun auch Winkel und Richtungsänderungen in dein Training aufnehmen, später kommen dann die Ablenkungen durch andere Menschen und schließlich durch andere Hunde hinzu. Hier solltet du erst einmal mit einem weiten Abstand beginnen und dich dann Schritt für Schritt dem anderen Hund nähern. Viele Hunde kauen aufgeregt auf der Beute, wenn der Abstand kleiner wird. Die Beute dient als Ablassventil für die aufgestaute Erregung und hilft den Hunden, aus der Situation herauszukommen, ohne Aggressionen zeigen zu müssen. Trainiere aber bitte nicht über diese Grenze hinaus. Sind die Schritte während des Trainings zu groß, kann es passieren, dass dein Hund die Beute fallen lässt und doch wieder in sein altes Verhaltensmuster der Aggression zurückfällt.

Chipsie läuft begeistert los und bringt den Futterbeutel auf direktem Weg zu Martin zurück.

Zur Belohnung darf sie sich nun einige Futterbrocken aus dem Futterbeutel herausnehmen.

Alternativverhalten „Anschauen“

Nicht alle Hunde sind apportierfreudig und tragen gern Gegenstände. Für diese Hunde eignet sich als Alternativverhalten z. B. das Anschauen des Menschen. Dein Hund soll lernen, dich auf ein Signal wie „Schau“ oder „Look“ anzuschauen (siehe S. 88). Die Zeit, in der dein Hund den Blickkontakt halten soll, steigerst du immer weiter, bis dein Hund dich für einige Sekunden lang anschaut. Anfangs übst du den Blickkontakt in einer ruhigen Situation, dein Hund ist z. B. im „Sitz-Bleib“. Später kannst du den Blickkontakt in Bewegung üben, z. B. während der Leinenführigkeit – erst ohne Ablenkung, später auch mit Ablenkung durch Menschen oder Hunde. Anfangs sind diese in weiter Distanz, später wird die Entfernung immer weiter verringert, bis du nahe am anderen Hund vorbeigehen kannst, ohne dass dein Hund aggressives Verhalten zeigt.

Alternativverhalten „Handtouch“

Da einige Hunde Probleme damit haben, dem Menschen für eine längere Zeit in die Augen zu schauen, kannst du deinem Hund als Alternative auch den Handtouch beibringen. Dein Hund soll lernen, mit seiner Schnauze fest gegen deine Hand zu drücken und der Hand dabei zu folgen. So kannst du ganz einfach zum einen den Blickkontakt deines Hundes mit dem entgegenkommenden Hund unterbrechen und diesen entspannt mit Blickrichtung auf deine Hand am anderen Hund vorbeiführen. Halte zunächst deine Hand einfach nur in die Nähe der Hundeschnauze, allerdings ohne deinen Hund mit der Hand zu bedrängen. Nähert er sich nun neugierig deiner Hand, wird er sofort belohnt. Schritt für Schritt soll sich dein Hund nun immer mehr mit der Schnauze deiner Hand annähern, bis er diese anstupst. Jetzt kannst du das Verhalten deines Hundes unter Signal stellen, indem du z. B. das Hörzeichen „Stups“ hinzufügst. Hat dein Hund das Anstupsen verstanden, kannst du deine Hand immer weiter weg von seiner Schnauze halten, sodass er aktiv in Richtung deiner Hand laufen muss, um diese zu berühren. Im Anschluss daran muss er nun noch lernen, deiner Hand zu folgen und länger in Kontakt zu bleiben. Bewege dazu nach dem Anstupsen deine Hand ein kleines Stück weg vom Hund. Folgt dieser, wird er sofort belohnt. Diese Bewegung steigerst du immer weiter, bis du dich selbst einige Schritte bewegen kannst. Nun wird die Strecke Schritt für Schritt gesteigert, bis ihr gemeinsam eine Distanz von ca. 10 Metern mit dem Handtouch zurücklegen könnt.

Die Gefahr wahrnehmen

Damit dein Hund sich auch wirklich mit dem anderen, entgegenkommenden Hund auseinandersetzt, darfst du beim Training mit Ablenkung durch andere Hunde das Alternativverhalten nicht zu früh beginnen. Dein Hund muss den anderen Hund wahrnehmen, also sehen können. Beobachte deinen Hund genau: Hat er den anderen Hund gesehen? Gehen seine Ohren nach vorn, nimmt er vielleicht sogar schon Blickkontakt mit ihm auf? Jetzt heißt es handeln, bevor dein Hund in sein altes Verhaltensmuster zurückfällt und Aggressionen zeigt. Denn du möchtest schließlich am Ende das entspannte Verhalten deines Hundes belohnen. Die wenigsten Hunde wird man jedoch aus dem stark ritualisierten Aggressionsverhalten herausbekommen, wenn diese bereits mittendrin sind. Und gerade, wenn dein Hund gar keine Aggression, sondern unerwünschtes Verhalten aus Frustration zeigt, darfst du dieses nicht noch belohnen, indem du deinem Hund nach Beginn des Verhaltens z. B. Beute zum Tragen gibst. Du hast also nur eine winzige Zeitspanne, in der du mit dem Alternativverhalten beginnen kannst. Das erfordert gutes Timing und genau das macht das Training bei Leinenaggression für viele Menschen auch so schwierig.

Verstärkung erwünschten Verhaltens

Hat dein Hund eine Begegnung mit einem anderen Hund ohne aggressives Verhalten gemeistert, belohnst du ihn. Hunde, die als Alternativverhalten Beute tragen, dürfen diese dann apportieren. Die Bewegung hilft, die angestaute Energie durch die aufregende Begegnung abzubauen. Dein Hund musste sich bzw. seine Impulse ja stark kontrollieren, nun musst du ihm Gelegenheit geben, sich abzureagieren, die entstandene Energie wieder abzubauen. Hunde, die mit Blickkontakt oder Handtouch durch die Begegnung geführt wurden, bekommen zur Belohnung z. B. ein Futterstück. Auch hier kannst du den Aspekt der Bewegung hinzufügen, indem du das Futterstück über den Boden kullern lässt, sodass dein Hund hinterherjagen darf. Achte auf die Länge deiner Leine, dein Hund soll dabei nicht in die gespannte Leine springen!

In dem Augenblick, in dem dein Hund den anderen wahrnimmt, musst du das Alternativverhalten starten!

Wichtig

Leinenaggression

- Ursache herausfinden
  Geringe Frustrationstoleranz
  Unsicherheit / Angst / schlechte Erfahrung
  Ressourcenverteidigung
  Sexuelle Motivation
- Je nach Ursache begleitendes Training beginnen
- Leinenführtraining
- Begegnungen vermeiden
- Ablenkung als Erste-Hilfe-Maßnahme
- Alternative aufbauen
  Gegenstand tragen
  Blickkontakt
  Handtouch
- Positive Verstärkung erwünschten Verhaltens

Freilauf – Freiraum für den Hund

Gibt es etwas Schöneres, als wenn Mensch und Hund uneingeschränkt und ohne Zwang gemeinsam durch die Natur streifen? Doch häufig sieht es anders aus. Kaum wird der Karabinerhaken der Leine vom Halsband des Hundes gelöst, ist dieser auch schon auf und davon. Kein Rufen, kein Pfeifen hilft, der Hund ist erst einmal verschwunden. Meist in rasanter Geschwindigkeit, sodass die Distanz schnell sehr groß ist. Von einem gemeinsamen Spaziergang kann dabei nicht mehr die Rede sein.

Alles ist spannend …

… nur nicht der Mensch! Vielleicht fragst du dich, was dieser Satz hier nun soll? Nun, eigentlich ist es ganz einfach. Ein Hund, der sich sofort so schnell wie möglich und so weit wie möglich von seinem Menschen entfernt, dabei weder auf Rufen oder Pfeifen reagiert, noch von sich aus nach einem kurzen Sprint zurückkommt, findet einfach alles andere spannender als seinen Menschen. Dabei ist es egal, ob der Hund wegläuft, weil er andere Hunde oder Menschen gesehen hat, weil er eine spannende Spur in die Nase bekommen oder fliehendes Wild entdeckt hat, oder sich vielleicht gar nicht in hohem Tempo, sondern gemütlich schnüffelnd und seiner Wege gehend entfernt. Da hilft dann auch kein Beschönigen, dieser Hund verbringt seine Zeit offensichtlich lieber mit anderen Menschen oder Hunden, mit anderen Beschäftigungen wie dem Jagen, oder sogar generell einfach lieber, indem er allein durch die Gegend streift, als mit seinem Menschen. Ob ein Hund gern mit dem Menschen zusammenarbeitet oder lieber selbstständig unterwegs ist, hängt von vielen Faktoren ab.

Hunderassen und ihre Eigenschaften

Eine wichtige Rolle spielt dabei das Wesen bzw. der Charakter des Hundes. So sind viele Jagd- und Hütehunde speziell für die Zusammenarbeit mit dem Menschen gezüchtet, es wurde viel Wert in der Zucht

Sobald Bosse einen anderen Hund sieht, ist er weg. Martin erklärt Stefanie Bosses Verhalten.

Viele Jagdhunde haben Spaß am Training mit der Reizangel, genauso wie die Mischlingshündin Luna, die begeistert auf das Spiel mit Martin eingeht.

auf den sogenannten „Will to please", also den „Willen zu gefallen" gelegt. Das bedeutet nichts anderes, als dass diese Hunde Spaß daran haben, mit dem Menschen zusammenzuarbeiten. Sie freuen sich, wenn sie etwas mit oder für ihren Menschen tun können.

Doch auch wenn du einen Labrador Retriever besitzt, also eine Rasse, die eigentlich gern mit dem Menschen zusammenarbeitet, kann es passieren, dass gerade dein Labrador diese Eigenschaften kaum besitzt. Die Entwicklung von Eigenschaften kann zwar durch die Zucht in gewissemUmfang geplant werden, die individuelle Ausprägung unterscheidet sich aber selbst innerhalb eines Wurfes bei den einzelnen Hunden sehr stark.

Das heißt aber nicht, dass sich alle Halter von Herdenschutzhunden oder Nordischen Hunden entspannt zurücklehnen können, mit dem Wissen, dass Hunde dieser Rassen sehr selbstständig sind und von sich aus wenig Motivation mitbringen, mit dem Menschen zusammenzuarbeiten. Auch diese Hunde können mit dem richtigen Training den Freilauf genießen und lernen, auf Signal zurückzukommen!

Erkundungsverhalten

Dennoch, generell ist es zunächst einmal vollkommen natürlich, dass sich ein Hund auch einmal weiter vom Familienverband entfernt. Gerade in der Jugendzeit ist das eigenständige Erkunden der Umgebung ein wichtiger Bestandteil in der Entwicklung des Hundes. In der Wildnis würde er sich dadurch auf die Abnabelung von den Eltern vorbereiten, denn letztendlich wandern viele Hunde aus ihrer Familie ab, um eine eigene zu gründen. Da wir diese Entwicklung in der Regel aber nicht wünschen, müssen wir diesem natürlichen Entwicklungsprozess entgegensteuern. Unser Hund muss lernen, sich an uns zu orientieren, in einer von uns festgelegten Distanz zu bleiben und auf Rückruf zurückzukommen. Das Überleben des Hundes könnte letztlich davon abhängen. Ein Hund kann in der heutigen Zeit nicht einfach so, wie er möchte, durch die Gegend streifen und seinen Bedürfnissen nachgehen. Gerade Junghunde sollten daher an der Schleppleine geführt werden, um die Entwicklung zur Selbstständigkeit einzuschränken.

Jeder Hund hat ein Hobby

Wichtig ist also, dass dein Welpe von Anfang an lernt, dass es Sinn macht, bei dir zu bleiben, da er mit dir zusammen viele spannende Aktionen erleben kann. Dazu musst du herausfinden, welche Eigenschaften dein Hund besitzt und womit er sich gern beschäftigt. Ist er ein Nasenhund, der ständig die Nase am Boden hat und alles immer ausgiebig untersucht? Dann sind hier Suchspiele die beste Wahl. Ob du Leckerchen oder Gegenstände versteckst, die dein Hund anschließend suchen darf, spielt dabei keine Rolle. Hauptsache, dein Hund hat Spaß daran, den jeweiligen Gegenstand oder das Futter zu suchen. Noch spannender wirst du für deinen Hund, wenn du eine ganze Spur legst, die er verfolgen darf. Liegt am Ende eine besondere Belohnung, war die gemeinsame Jagd mit dir für deinen Hund erfolgreich.

Abwechslung im Alltag

Hunde, die gern hetzen, lieben meist das gemeinsame Hetzspiel an der Reizangel. Eine Beute, die an einem Stock mit Schnur befestigt ist, wird von dir schnell hin und her bewegt, sodass dein Hund diese verfolgen und am Ende erjagen darf. Wenn anstelle des Hetzens für deinen Hund das Beutemachen im Vordergrund steht, sind Apportierspiele eine tolle gemeinsame Beschäftigungsform. Lass deinen Hund Beute zu dir bringen. Dabei kannst du sehr kreativ werden, indem dein Hund vorab erst noch bleiben oder Bei-Fuß-Laufen muss oder indem du mehrere Gegenstände in verschiedenen Richtungen auswirfst und deinen Hund jeweils in eine bestimmte Richtung schickst. Liebt dein Hund Bewegung, springt er beim Spaziergang ständig über Baumstämme oder windet sich durch Engstellen, könnte für euch ein Agilitytraining die richtige Beschäftigungsform sein. Vielleicht ist dein Hund aber auch ein Problemlöser, der gern Tricks ausführt oder aber Geschicklichkeitsspiele macht? Darf dein Hund seine Bedürfnisse im Spiel mit dir zusammen ausleben, wird er sich weniger mit anderen Dingen beschäftigen.

Verlässlicher Sozialpartner

Doch nicht nur Spiel, Spaß und Spannung entscheiden über die Ausprägung der Bindung des Hundes an den Menschen. Wichtig ist auch, dass dein Hund dir vertrauen kann. Jedoch kann man nur demjenigen vertrauen, der verlässlich ist, den man einschätzen kann. Überleg dir daher von Anfang an, welche Regeln für deinen Hund gelten sollen. Darf er auf die Couch oder ist es verboten? Darf er Reste vom Tisch essen oder nicht? Dabei spielt es keine Rolle, welche Entscheidung du triffst. Nur weil dein Hund auf der Couch liegen darf, förderst du damit nicht das Jagdverhalten oder eine geringe Bindung deines Hundes an dich. Wenn du aber mal so, mal anders entscheidest, für deinen Hund nicht einschätzbar, kein verlässlicher Partner bist oder wenn du, kaum dass er dich einmal lieb anschaut, ein gerade aufgestelltes Verbot doch wieder auflöst, sofort einknickst, wie soll er dich dann ernst nehmen? Er lernt, dass du offensichtlich nicht in der Lage bist, Entscheidungen zu treffen und diese auch durchzusetzen. Und wenn das im täglichen Umgang mit ihm schon so ist, wirst du dazu auf dem Spaziergang vermutlich noch weniger in der Lage sein. Und so wird er Schritt für Schritt immer selbstständiger werden und sich immer weniger an dir orientieren. Bleibe daher konsequent, gerade in der Pubertät, in der dein Hund gern einmal bestehende Regeln in Frage stellt.

Sollte dein pubertierender Hund deine Signale wie z. B. einen aufgebauten Rückruf bzw. deine Vereinbarung, sich draußen z. B. nicht weiter als 30 m zu entfernen, auf einmal nicht mehr einhalten, kannst du natürlich anfangen zu diskutieren. Doch bevor du dich aufregst und sich dein pubertierender Hund geradezu königlich amüsiert, kannst du auch einfach deine Souveränität beweisen und deinen Junghund einfach an die Schleppleine nehmen. So kann er sich nicht weiter von dir entfernen, als du es vorgibst, und du brauchst nicht hinter ihm herzulaufen, um ihn irgendwie wieder eingesammelt und angeleint zu bekommen.

Rückrufsignal aufbauen

Damit dein Hund weiß, dass er kommen soll, wenn du ihn rufst bzw. eine Pfeife benutzt, musst du ihm zunächst einmal beibringen, was das Signalwort bzw. der Pfiff bedeuten. Viele Menschen möchten eine Pfeife zum Rückruf des Hundes nutzen. Das macht auch durchaus Sinn, denn eine Pfeife ist gut hörbar, auch auf weite Distanz und unter schlechten Wetterbedingungen wie starkem Wind. Zudem ist sie emotional neutral, der Pfiff hört sich immer gleich an, auch wenn dein Adrenalin gerade in die Höhe schießt, weil dein Hund in Richtung einer stark befahrenen Straße rennt.

Allerdings muss man dem Hund erst beibringen, was er beim Ertönen des Pfiffs machen soll. Viele Hunde reagieren zwar neugierig auf die Pfeife und kommen daher erst einmal angelaufen. Nach einigen Wiederholungen jedoch ist das neue Geräusch uninteressant, der Hund kommt nicht mehr. Scheinbar scheint die Pfeife nicht zu funktionieren! Dabei hat der Hund einfach nicht gelernt, was er beim Ertönen der Pfeife machen soll.

Aufbau beim Züchter

Im Idealfall lernt dein Hund bereits als Welpe einen Rückruf beim Züchter kennen. Jedes Mal, wenn der Züchter die Welpen füttert, kann er mit der Pfeife ein bestimmtes Signal ertönen lassen. Die Welpen verknüpfen bald schon den Pfiff mit der Fütterung und werden bereits nach wenigen Tagen aus allen Ecken angerannt kommen, wenn der Pfiff ertönt. Wer möchte schon die Fütterung verpassen? Zieht der Welpe nun zu seiner neuen Familie, kann diese den Pfiff als Rückrufsignal nutzen. Jedes Mal, wenn der Welpe auf Ertönen der Pfeife zum Menschen kommt, gibt es eine besonders begehrte Belohnung. Anfangs wird unter wenig Ablenkung trainiert, später wird die Ablenkung Schritt für Schritt gesteigert.

Martin erklärt Stefanie das Training mit der Hundepfeife. Bosse soll lernen, auf Pfiff zurückzukommen.

Nach wenigen Übungen hat Bosse verstanden, dass es nach dem Pfiff ein besonderes Leckerchen gibt.

Aufbau beim erwachsenen Hund

Aber auch wenn dein Hund als Welpe den Pfiff beim Züchter nicht kennengelernt hat, kannst du ihm noch einen Komm-Pfiff beibringen. Gehe in die Hocke und locke deinen Hund in einer ablenkungsfreien Umgebung zu dir, schnalze mit der Zunge oder klatsche in die Hände. Kommt dein Hund interessiert angelaufen, fügst du kurz bevor er bei dir ist, das neue Signal hinzu. Danach gibt es sofort eine besonders begehrte Belohnung. Der Pfiff muss anfangs kurz bevor dein Hund bei dir angekommen ist, erfolgen, damit ihm nicht doch noch etwas anderes in die Nase kommt und er dieser Spur folgt, anstatt sich dir ganz zu nähern. Schritt für Schritt steigerst du die Distanz, der Pfiff erfolgt also immer früher, bis er letztendlich als Signal genutzt werden kann. Du pfeifst, dein Hund kommt!

Training unter starken Reizen

Jetzt gilt es, die Ablenkungen Schritt für Schritt zu steigern, damit dein Hund aus jeder Situation zu dir kommt. Dabei ist es natürlich wichtig zu wissen, welche Reize für deinen Hund eher einfach und welche schwieriger sind. Dies kann individuell unterschiedlich sein. Der eine Hund kann auf dem Boden liegendem Futter nicht widerstehen, der andere findet andere Menschen spannend und der nächste würde alles für ein Spiel mit Artgenossen geben. Das Abruftraining wird also langsam gesteigert. Findet dein Hund z. B. andere Hunde spannend, übst du das Abrufen zunächst mit einem Hund, der sich in weiter Distanz zu dir befindet und dabei ruhig an der Leine wartet. Im nächsten Schritt darf dein Hund nun Kontakt zu einem ruhigenHund haben, der nicht direkt auf eine Spielaufforderung deines Hundes eingeht. Danach versuchst du das Abrufen aus einer Spielsituation heraus. Dafür sollte der Spielpartner bereits sicher aus einer solchen Situation rückrufbar sein, sodass das Spiel in jedem Fall beendet ist, wenn beide Menschen ihre Hunde zurückrufen. Erst dann darfst du den Ernstfall trainieren, das Abrufen aus einer wilden Spielsituation mit dem besten Kumpel. Das Abrufen aus dem Spiel heraus sollte rechtzeitig begonnen werden, denn Hunde brauchen Sozialkontakt. Also, je weniger du ein Spiel oder einen Kontakt mit anderen Hunden zulässt, desto mehr wird dein kontaktfreudiger Hund darauf brennen, sich sein Bedürfnis zu erfüllen. Wenn er dir dann endlich einmal entwischen kann und mit einem Kumpel tobt, wirst du ihn letztendlich erst wieder einfangen können, wenn er sich müde gespielt hat. Für das Rückruftraining kannst du auch Freilaufgruppen in Hundeschulen nutzen. Natürlich sollte der Freilauf vom Hundetrainer kontrolliert werden, die Gruppen sollten sinnvoll in Bezug auf die teilnehmenden Hunde zusammengestellt sein, damit sowohl Sozialkontakt geübt werden kann als auch das Beenden von Spiel.

Die richtige Pfeife

Welche Pfeife bzw. welchen Pfiff du als Rückrufsignal nutzt, spielt eigentlich keine Rolle. Wichtig ist, dass der Pfiff schnell ertönt, du nicht groß überlegen musst. Ungünstig sind Pfeifen im Ultraschallbereich, da diese für den Menschen oft nicht hörbar sind. Somit kann man nie überprüfen, ob ein Hund auf den Pfiff vielleicht nur deshalb nicht reagiert, weil die Pfeife nicht entsprechend funktioniert. Dies passiert z. B. dann, wenn sich das Loch am Mundstück mit Dreck zusetzt, wie es beim Training bzw. Spaziergang im Wald mit viel herbstlichem Laub schnell geschehen kann. Zudem verdrehen sich diese Pfeifen schnell, sodass sich die Tonhöhe verändert. Für den Rückruf sollte man aber immer den gleichen Pfiff bzw. die gleiche Tonhöhe verwenden. Empfehlenswert sind daher z. B. Pfeifen aus Kunststoff. Diese gibt es in der immer gleichen Tonhöhe zu kaufen, sodass auch mehrere Familienmitglieder eine eigene Pfeife besitzen und zum Spaziergang mitnehmen können.

Als Rückruf eignet sich eine Wiederholung von zwei, drei oder mehr kurzen Pfiffen. Kurze, sich wiederholende Töne wirken auf einen Hund eher anziehend, weshalb sie sich besser eignen als ein langer, anhaltender Ton.

Probleme in Bezug auf Nahrung

Hunde bekommen in der Regel ein- bis zweimal täglich Futter, und auch wir Menschen nehmen regelmäßig unsere Mahlzeiten ein.

Essen ist fast immer und überall in greifbarer Nähe, im Kühlschrank, auf der Anrichte, in der Vorratskammer, genauso wie in der Mülltonne, im Gebüsch oder es liegt einfach auf der Straße. Die meisten Hunde sind nicht wählerisch und so sind die unerwünschten Verhaltensweisen rund um das Futter nicht selten. Dabei geht es häufig darum, den Hund davon abzuhalten, unerwünschte Speisen oder Gegenstände zu verzehren, vor allem, ohne dass der Hund dem Menschen gegenüber aggressives Verhalten zeigt. Zum anderen steigt beim Hund – genauso wie beim Menschen – die Zahl der fettleibigen Hunde an, aber auch der futtermäkelige Hund ist keine Seltenheit.

Verteidigung von Futter

Sich zu ernähren ist ein Grundbedürfnis, ohne Nahrung kann weder Mensch noch Hund überleben. Daher ist die Verteidigung von Futter zunächst einmal ein vollkommen natürliches, artgerechtes Verhalten. Wer Beute gemacht hat und diese für sich beanspruchen konnte, wird sie auch verteidigen. Ausnahmen findet man in freier Natur eigentlich nur, wenn der Hund vollkommen gesättigt ist. In diesem Fall lässt er den Rest der Beute oft liegen und gibt die Nahrung damit für andere frei. Somit ist ein Hund, der knurrt, wenn sich ihm jemand nähert, während er gerade sein Futter frisst oder an einem Kauknochen kaut, keinesfalls verhaltensgestört. Normalerweise würde ein Hund eine solche Warnung akzeptieren und sich zurückziehen, den anderen Hund nicht weiter bei seinem Fressen stören, selbst wenn es sich dabei um einen rangniedrigeren Hund handelt.

Ginala hat ein Rinderohr ergattert und verteidigt dies mit deutlichen Signalen gegenüber Raven.

Aggressives Verhalten beim Füttern

Menschen nähern sich oft weiter dem Hund an, sei es, weil sie ihn erziehen möchten und das Knurren nicht dulden oder weil sie vielleicht den Napf noch einmal aufnehmen möchten, um eine Tablette hineinzugeben, die vergessen wurde. Manchmal will man auch gar nicht an den Napf, sondern muss auf dem Weg zum Schrank am gerade fressenden Hund vorbei und setzt nun trotz Knurren des Hundes seinen Weg weiter fort. Dies kann schnell dazu führen, dass der Hund eine gesteigerte Form der Aggressivität zeigt und zu einem Abwehrschnappen oder gar einem kurzen Biss übergeht. Hunde müssen in unserer Gesellschaft lernen, dass sich Menschen in der Nähe des fressenden Hundes aufhalten, sonst wird der Alltag schnell zum Spießrutenlauf. Auch wenn dies kein natürliches Verhalten unter Hunden ist, kann man ihnen dennoch beibringen, im Umgang mit Futter trotz Anwesenheit von Menschen entspannt zu bleiben.

Mischlingshündin Graycie soll sich an die Anwesenheit von Menschen während der Fütterung gewöhnen.

Damit Hunde lernen, dass es überhaupt kein Drama ist, wenn der Mensch sich beim Füttern in seiner Nähe aufhält und ihm das Futter auch einmal wegnimmt, sollte man von Beginn an, also im Idealfall von Welpe an, verschiedene Übungen rund um die Fütterung durchführen.

Futterübungen mit dem Welpen

Die erste, ganz einfache Übung ist zunächst einmal neben dem Welpen stehen zu bleiben, nachdem du seinen gefüllten Futternapf auf den Boden gestellt hast. Bei weiteren Fütterungen kannst du deinen Welpen auch ansprechen, ihn einmal kurz streicheln. Der Welpe wird hierbei natürlich nicht „gelobt“, er soll sich lediglich daran gewöhnen, dass es vollkommen normal ist, dass du ihn auch anfasst, während er frisst. Alternativ kannst du deinem Welpen auch erst einmal nur die halbe Futterportion in den Napf geben. Hat er einiges davon gefressen, füllst du weiteres Futter nach, bis schließlich die gesamte Portion im Napf ist. Nach einigen Fütterungen, also etwa einem Zeitraum von ein bis zwei Wochen, sollte der Welpe dies problemlos akzeptieren. In der Regel hat er in dieser Zeit auch das Signal „Bleib“ gelernt, sodass dies nun auch in Kombination mit dem Futternapf trainiert werden kann. Dein Welpe soll lernen sitzen zu bleiben, während du den Futternapf auf den Boden stellst. Erst auf ein Signal wie z. B. „Nimm“, darf dein Welpe zum Futternapf und fressen. Steht er zu früh auf, wird er kommentarlos wieder auf seinen Platz gebracht. Die Übung kann dann gefestigt werden, indem der Welpe zunächst einmal für das „Bleib“ noch separat belohnt wird. Erst nach einigen Wiederholungen, bei denen du mit dem Futternapf weggehst, diesen abstellst, zum Hund zurückgehst und ihn für das ruhige Bleiben belohnst, darf er zum Napf. Dadurch, dass das Bleiben separat und häufig belohnt wird, reduziert sich die Erwartungshaltung des Welpen, zum Napf zu laufen.

Abrufen vom Futternapf

Bleibt dein Welpe ruhig auch für eine längere Zeit sitzen, soll er erst noch andere Signale ausführen, wie z. B. sich hinlegen oder auf das Signal „Hier“ bzw. den Komm-Pfiff zu dir laufen. Das Signal „Hier“ solltest du jedoch anfangs ohne Ablenkung (siehe S. 105) üben. Setzt du es nun in Kombination mit dem Futternapf ein, solltest du als Belohnung für das Kommen zunächst einmal etwas einsetzen, das dein Welpe wirklich lecker findet. Im Napf befindet sich daher z. B. Trockenfutter, das weniger attraktiv ist. Als Belohnung für das Kommen trotz Ablenkung durch den Napf verwendest du z. B. Fleischwurst oder Leberwurst, also ein echtes Highlight für die meisten Welpen. Nach einigen Wochen sollte das Signal „Hier“ bereits so weit gefestigt sein, dass du deinen Hund auch vom Futternapf abrufen kannst. Dazu füllst du den Napf mit einer ausreichend großen Menge Trockenfutter, dein Hund sollte für den Verzehr des Futters schon eine Weile brauchen, damit dir auch noch genügend Zeit für das Abrufen bleibt.

Dann lässt du deinen Hund kurz fressen und rufst ihn nun mit deinem Hörzeichen für das Signal „Hier“ zu dir. Dazu solltest du anfangs noch sehr nah bei ihm stehen, es reicht, wenn dein Hund zu Beginn lediglich den Kopf hochnehmen und sich zu dir umdrehen muss. Unterbricht er das Fressen und kommt zu dir, wird er sofort mit einem besonders tollen Leckerbissen belohnt. Danach schickst du ihn wieder mit deinem Hörzeichen zum Fressen. Schritt für Schritt kannst du nun immer weiter weggehen, bis dein Hund sich wirklich einige Schritte vom Napf entfernen muss, um zu dir zu kommen.

Sie wird während des Fressens angefasst, damit sie sich an Berührungen während der Fütterung gewöhnt.

Sie lernt, dass die während der Fütterung an den Napf kommende Hand etwas Positives ankündigt: Futter!

Der 12 Wochen alte Australian Shepherd Cooper lernt, vor dem Futternapf zu sitzen …

… und auf das Freigabesignal zu warten. Das ruhige Warten wird mit einem leckeren Futterstück belohnt.

Napf hochnehmen

Ein weiterer Trainingsschritt ist das Hochnehmen des Napfes, während dein Welpe gerade frisst. Du schaust dir den Napf kurz einmal an und stellst ihn danach, bevor dein Welpe aufgeregt beginnt zu jammern oder fordernd zu bellen, wieder auf den Boden. Dein Welpe lernt so, dass es überhaupt kein Problem ist, wenn der Napf für eine kurze Zeit verschwindet.

Dein Welpe ist nun einige Wochen bei dir, er hat die Grundsignale bereits erlernt. Eines der wichtigsten Signale, die ein Welpe lernen muss, ist das Signal „Schluss“. Dieses Signal beendet eine Handlung, entweder für eine kürzere oder auch für eine längere Zeit. Du kannst dieses Signal von Beginn an mit deinem Welpen aufbauen. Setz dich dazu einfach auf den Boden und spiele mit deinem Welpen. Anfangs nutzt du dazu eher ein ruhiges Kuschelspiel, später darf es ruhig auch ein wilderes Tobespiel sein. Nach einiger Zeit, wenn dein Welpe gerade so richtig schön mitspielt, stehst du auf, sagst das Signal „Schluss“ und zeigst dabei z. B. einmal mit den Handflächen nach unten. Ignoriere nun deinen Welpen, schaue ihn nicht an, sprich ihn nicht an. Selbst wenn er an dir hochspringen sollte, beachte ihn nicht. Fasse ihn also auch nicht an, um ihn von dir wegzuschieben. Jegliche Reaktion von deiner Seite bleibt aus.

Diese Übung kannst du später auch mit einem Spielzeug durchführen. Nimm das Spielzeug dabei hoch und lege es in Sichtweite des Hundes ab, jedoch so hoch, dass dein Hund auf keinen Fall herankommen kann. Akzeptiert dein Hund das Signal, fordert er also kein Weiterspielen ein, darfst du gern auch eine erneute Spielerunde starten. Beende aber immer wieder einmal das Spiel auch für eine längere Zeit, dein Hund soll nie wissen, wie lange die Spielpause dauert. Das Signal „Schluss“ stellt für den Hund damit also keine Korrektur dar, es beendet lediglich eine Handlung! Bleibe daher immer ruhig und werde nicht laut, auch wenn dein Hund das Signal anfangs noch nicht sofort akzeptiert. Er muss ja erst lernen, was es bedeutet. Beherrscht dein Hund das Signal, kannst du es auch für die Übungen mit dem Futternapf verwenden. Stelle dazu deinem Hund den Futternapf auf den Boden und gib ihn frei. Nach einiger Zeit wendest du dich mit dem Signal „Schluss“ deinem Hund zu und nimmst den Futternapf auf. Diesen stellst du anfangs für eine kurze Zeit, später auch ruhig einmal für eine längere Zeit so ab, dass dein Hund nicht herankommt. Dabei ist es wichtig, dass du ganz ruhig bleibst, dein Hund soll das Wegnehmen des Futternapfes ja als etwas vollkommen Normales kennenlernen.

Dosiert üben

Bitte achte bei allen diesen Übungen darauf, sie nicht ständig und bei jeder Fütterung durchzuführen. Dein Hund soll natürlich auch in Ruhe fressen können, vollkommen entspannt. Denn eine Übungssituation ist, selbst wenn du sie wie hier beschrieben absolut positiv aufbaust, immer mit Stress verbunden. Ständiger Stress bei der Nahrungsaufnahme führt jedoch schnell dazu, dass dein Hund angespannt dabei ist, was dann auch wieder neue Probleme rund um die Fütterung fördern kann.

Danach darf er auf das Freigabesignal von Susanne zum Futternapf laufen und in Ruhe fressen.

Auch das Abrufen vom Futternapf beherrscht Cooper bereits perfekt.

Aggression beim erwachsenen Hund

Besteht bei deinem Hund bereits das Problem, dass er aggressives Verhalten bei der Fütterung zeigt, sei es durch Knurren oder sogar Abwehrschnappen bzw. Beißen, ist es zunächst einmal wichtig, Gefahrenvermeidung zu betreiben. Beobachte deinen Hund genau und vermeide zunächst einmal alle Situationen, in denen es zu aggressivem Verhalten kommt. Zeigt dein Hund also aggressives Verhalten, wenn du dich in der Nähe des Napfes aufhältst, kannst du ihm den Napf hinstellen und dich dann auf eine für deinen Hund akzeptable Distanz entfernen. Damit es gar nicht erst zu einer kritischen Situation kommt, soll dein Hund als erstes lernen, so lange nach dem Signal „Bleib" zu warten, bis du ihn z. B. mit dem Signal „Nimm" zum Napf schickst (siehe S. 108 f.). So kannst du den Napf auf den Futterplatz deines Hundes stellen und dich dann so weit davon entfernen, dass deine Anwesenheit für deinen Hund keinen Stress mehr bedeutet. Bleibe dort stehen und warte, bis dein Hund den Napf leer gefressen hat. Dann rufst du

Andreas übt mit Denni das Signal „Schluss". Sie darf erst fressen …

… dann nimmt Andreas den Napf mit dem Signal „Schluss" hoch …

… und stellt ihn weg. Natürlich darf Denni den Napf später leer fressen.

deinen Hund zu dir und gehst zusammen mit ihm aus dem Raum. Dein Hund wartet nun in einem anderen Raum, während du zurückgehst und den Napf wegstellst. Damit die Fütterung entspannt verlaufen kann, sollte der Napf an einer strategisch unwichtigen Stelle stehen. Der Eingangsbereich, an dem vielleicht im unpassenden Moment jemand unerwartet vorbeiläuft, eignet sich hierfür auf gar keinen Fall!

Annäherung an den Napf

Als nächstes muss dein Hund lernen, trotz deiner Anwesenheit bei der Fütterung zu entspannen. Der erste Schritt ist dabei deine reine Anwesenheit, anfangs in weiter Distanz, später immer näher bei deinem Hund. Zu Beginn bleibst du einfach ruhig stehen und wartest, bis dein Hund den Napf leer gefressen hat. Später kannst du dich während des Fressens ein wenig hin- und herbewegen, bis du irgendwann frei durch den Raum und dabei auch nahe an deinem Hund vorbeilaufen kannst, während dieser frisst. Beobachte ihn dabei genau. Steht er angespannt? Sind seine Ohren in deine Richtung gedreht, frisst er vielleicht langsamer? Dann gehst du lieber erst noch einmal einen Trainingsschritt zurück. Erst wenn dein Hund vollkommen entspannt deine Anwesenheit beim Fressen akzeptiert, kannst du mit den weiteren Schritten beginnen.

Im nächsten Schritt soll dein Hund lernen, dass es für ihn auch dann nicht stressig ist, wenn du, während er frisst, an seinen Napf gehst. Dazu gibst du anfangs nur eine kleine Portion Futter in den Napf deines Hundes und bleibst in seiner Nähe stehen. Hat er den Napf leer gefressen, füllst du ihn erneut mit einer kleinen Portion Futter auf. Das wird so lange wiederholt, bis der Hund seine gesamte Portion Futter erhalten hat. Funktioniert das gut, kannst du zum ersten Mal aktiv werden, während dein Hund noch frisst. Erneut gibst du eine kleine Portion Futter in den Napf. Beginnt er zu fressen, wirfst du noch ein Futterstück, später auch eine Handvoll in den Napf hinein. So verknüpft dein Hund deine Annäherung während des Fressens mit etwas Positivem, es gibt mehr Futter!

Weitere Übungen

Akzeptiert dein Hund diese Handlungen ohne Probleme, kannst du weitere Übungen wie das Abrufen vom Futternapf oder das Signal „Schluss“ genauso wie mit einem Welpen aufbauen (siehe S. 109 f.).

Wichtig

Kein Futterentzug!

Einem Hund, der aggressives Verhalten bei der Fütterung zeigt, darf man keinesfalls Futter entziehen, um ihn z. B. im Training zur Mitarbeit zu motivieren. Die Ressource Futter wird so zum einen auf einmal knapp, zum anderen wird sie durch den häufigen Einsatz beim Training als Belohnung zu etwas Wertvollem gemacht. Es lohnt sich daher für den Hund umso mehr, die Ressource Futter zu verteidigen, sodass eine Steigerung des aggressiven Verhaltens bei der Fütterung nicht selten ist.

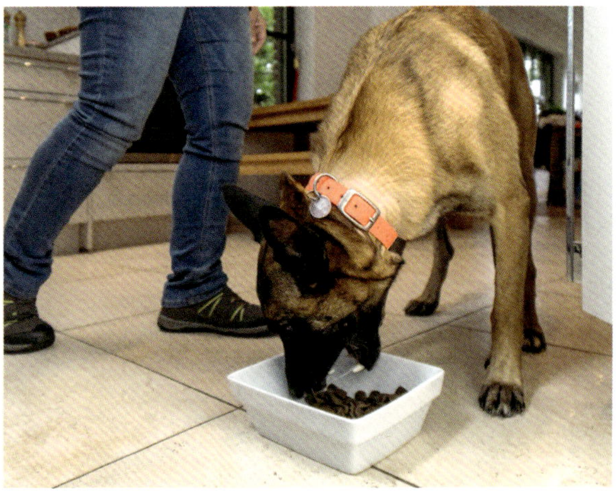

Carlos frisst angespannt, während Caroline sich im Raum bewegt. Sie darf noch nicht näher herankommen.

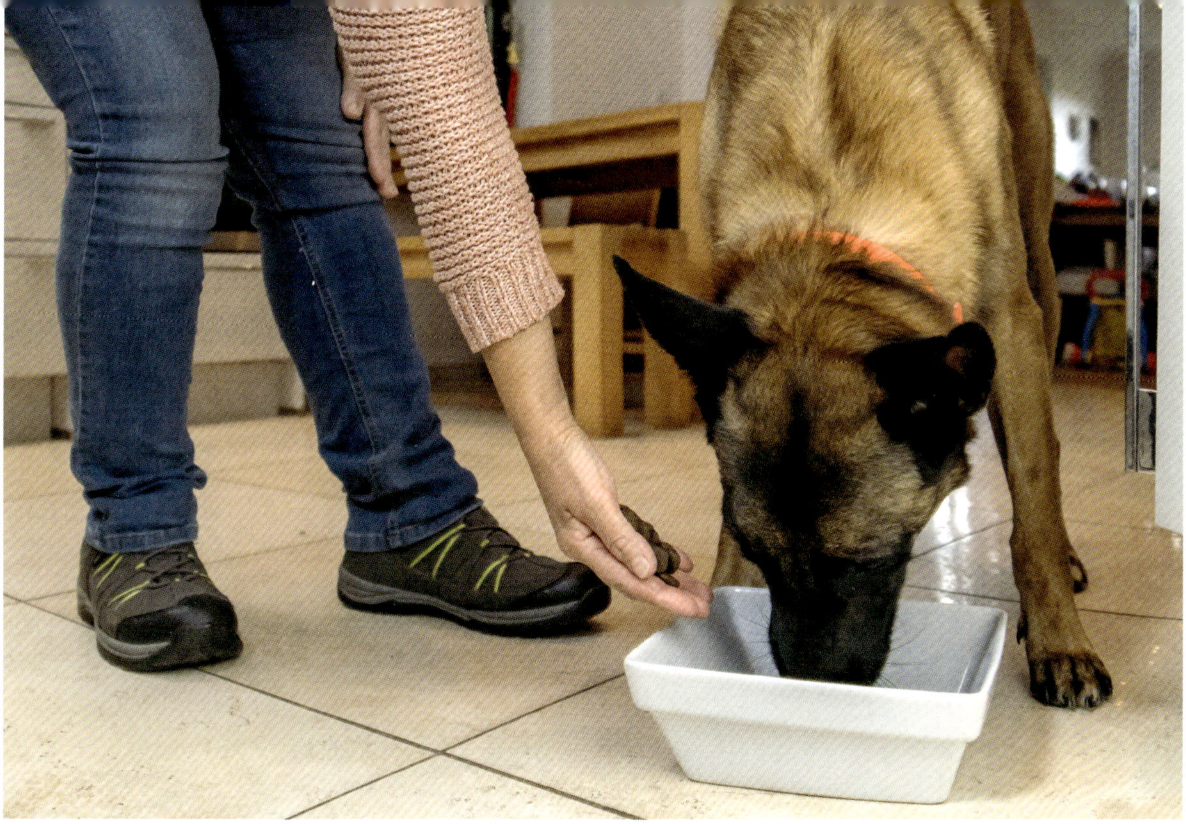

Carlos ist mittlerweile entspannt beim Fressen, auch in Anwesenheit von Menschen. Caroline füllt den Napf nun immer wieder auf, um sich Carlos und dem Napf noch weiter zu nähern.

Achte bitte dennoch immer auf die Körpersprache deines Hundes. Wirkt dieser angespannt, versteifen sich also die Muskeln, beobachtet er dich genau, unterbricht er das Fressen, bist du einen Schritt zu weit gegangen. Gehe dann in deinem Training wieder einen Schritt zurück, indem du dich z. B. etwas weiter entfernst, die Übung etwas einfacher gestaltest und beginne erneut in kleineren Schritten.

Verteidigung von Kauknochen

Ein Hund sollte den entspannten Umgang mit Kauknochen in Anwesenheit von Menschen genauso lernen, wie die Anwesenheit von Menschen bei der Fütterung und das im Idealfall von Welpe an. Das Training wird daher auch identisch aufgebaut.

Futterübungen mit dem Welpen

Anfangs bekommt der Welpe einen eher weichen Kauartikel, den er relativ schnell fressen kann. Harte Rinderohren können die kleinen Welpenzähne noch nicht kauen. Du gibst deinem Welpen also den Kauartikel und wartest dann in seiner Nähe, während er einen Kauknochen frisst. Danach bewegst du dich auf und ab und gehst dabei immer wieder nahe an deinem Welpen vorbei. Zwischendurch kannst du deinen Welpen auch einmal ansprechen, dich zu ihm hinsetzen und ihn streicheln. Anfangs nur kurz, später immer länger. Dein Welpe soll also zunächst einmal lernen, dass deine Annäherung nicht direkt bedeutet, dass er den Kauknochen wieder hergeben muss.

Doch irgendwann muss dein Welpe natürlich auch lernen, den Kauknochen abzugeben. Dazu muss er das Signal „Schluss" bereits erlernt haben. Gibt er Spielzeug ohne Probleme ab und fordert eine Fortsetzung des Spiels nicht weiter ein, kannst du das Training des Signals „Schluss" mit einem Kauartikel fortführen. Dein Welpe bekommt also den Kauartikel und darf eine Zeit lang darauf herumkauen. Für die ersten Trainingseinheiten solltest du jedoch einen eher harten, großen Kauartikel verwenden, sodass du diesen gut greifen kannst. Wenn nämlich nur noch ein kleines Stück des Kauartikels aus dem Maul des Welpen herausschaut und dieses womöglich durch das Kauen schon weich und glitschig ist, kannst du den Kauartikel kaum greifen und signalisierst damit deinem Welpen, das du scheinbar zögerst, dir nicht sicher bist. Dies verführt den Welpen unter Umständen gerade zu Beginn des Trainings dazu, das Signal „Schluss“ zu ignorieren. Du fasst also den Kauartikel an und gibst das Signal „Schluss“.

Lässt dein Welpe den Kauknochen los, lobst du ihn, schaust dir den Knochen kurz an und gibst ihn deinem Welpen zurück. Später steigerst du die Zeit, bis du das Kauvergnügen deines Welpen dann auch einmal für eine längere Zeit beendest und den Kauartikel außer Reichweite deines Welpen ablegst. Sollte dein Welpe den Kauartikel nicht abgeben, musst du das Signal „Schluss“ durchsetzen. Dazu fasst du wie beim Schnauzgriff mit der Hand über den Fang des Welpen. Mit den Fingern greifst du seitlich in das Maul, direkt hinter den Fangzähnen. An dieser Stelle hat der Welpe noch keine Zähne, sodass er dich dabei nicht verletzen kann. Mit leichtem Druck öffnest du nun vorsichtig – aber bestimmt – das Maul des Welpen und nimmst ihm den Kauartikel ab. Denke daran, „Schluss“ bedeutet nur, dass eine Handlung beendet wird, es ist nicht als Korrekturwort gedacht. Du musst vorsichtig vorgehen, dein Welpe soll beim Öffnen des Mauls keine Schmerzen erleiden, du führst in diesem Moment keinen Schnauzgriff, also keine Korrektur durch! Wichtig ist, dass du dabei ruhig bleibst und nicht mit deinem Welpen schimpfst, wenn er das Maul nicht sofort freiwillig öffnet. Doch du solltest bestimmt vorgehen, damit er merkt, dass du sicher und souverän bist und auch entsprechend handelst. Damit dein Welpe das Öffnen des Mauls nicht negativ verknüpft, lobst du ihn nun und gibst ihm dann den Kauartikel zurück. Im Anschluss daran kannst du das Signal „Schluss“ in Situationen trainieren, die deinem Welpen leichter fallen, bevor du erneut das Training mit einem Kauartikel durchführst.

Aufbau Signal „Aus“

Vielleicht stellst du dir nun die Frage, warum du das Signal „Schluss“ durchsetzen und deinem Welpen den Kauartikel abnehmen sollst? Damit ein Hund Dinge hergibt, die er im Maul hat, kann

Amy geht begeistert auf das Zerrspiel mit dem Zerrseil ein.

Martin beendet das Spiel mit dem Signal „Aus“..

man ihm auch das Signal „Aus“ beibringen. „Aus“ bedeutet: Gib das, was du im Maul hast, her. Dieses Signal trainierst du am einfachsten mithilfe von Futter und einem Spielzeug bzw. Apportiergegenstand. Zuerst soll dein Hund einen Gegenstand apportieren bzw. damit spielen. Bringt er den Gegenstand zu dir, hältst du ihm ein besonders leckeres Futterstück vor die Nase. Dein Hund wird dieses fressen wollen und dazu das Maul öffnen. In dem Moment fasst du mit der anderen Hand an den Gegenstand und nimmst diesen deinem Hund aus dem Maul. Dein Hund wird nun für das „Aus“-Geben mit dem Futter belohnt.

Diese Übung wiederholst du einige Male und fügst dann das Signalwort „Aus“ in dem Augenblick, in dem sich das Maul öffnet, hinzu. So lernt dein Hund das Signalwort mit der Handlung „Maul öffnen“ zu verknüpfen. Das „Aus“-Geben wird zudem positiv verstärkt, da er danach Futter erhält. Dieses hältst du im weiteren Trainingsverlauf nicht mehr direkt vor seine Nase, sondern holst es erst nach der erfolgreich durchgeführten Übung aus deiner Tasche.

Zunächst übst du mit Gegenständen, die dein Hund weniger spannend findet. Öffnet dein Hund ohne Zögern auf das Signalwort sein Maul, kannst du das Training z. B. mit einem Futterbeutel durchführen. Beim Futterbeutel soll der Hund einen Gegenstand, der Nahrung enthält, abgeben. Diese ist aber noch durch den Beutel geschützt, also nicht direkt im Hundemaul. Daher fällt vielen Hunden die Abgabe des Futterbeutels noch leicht. Anfangs füllst du den Futterbeutel nur mit Trockenfutter, als Belohnung für das Signal „Aus“ nimmst du jedoch einen besonderen Leckerbissen. Klappt dies, kannst du auch höherwertigeres Futter in den Futterbeutel geben wie z. B. frisches Fleisch; belohnt wird ebenfalls mit einem besonders leckeren Futterstück. Führt dein Hund das Signal auch in diesem Fall zuverlässig aus, erhält er für die Abgabe des Futterbeutels mit hochwertigem Futter nur noch normales Trockenfutter. Nun kannst du die Belohnung variieren, mal folgt als Belohnung ein Spiel, mal lobst du deinen Hund mit Worten, mal gibt es eine Streicheleinheit und dann wieder Futter in unterschiedlicher Qualität.

Amy lässt das Zerrseil sofort los und wird dafür mit leckeren Futterbrocken belohnt.

Qualität der Belohnung

Warum ist es so wichtig, die Qualität der Belohnung zu variieren bzw. die Wertigkeit der Belohnung zu verringern? Anfangs besteht das Training zum Signal „Aus" lediglich aus einem sogenannten „Tauschgeschäft". Ein Gegenstand wird gegen ein Stück Futter getauscht, indem man dieses direkt vor die Nase des Hundes hält. Dem Hund wird eine direkte Alternative geboten, die er sofort bekommt, wenn er den Gegenstand loslässt. Ein Tauschgeschäft muss sich aber lohnen! Der Hund bewertet also bei diesen ersten Übungen genau, welche Bedeutung der bereits erbeutete Gegenstand für ihn hat und ob es sich für ihn lohnt, diesen loszulassen und damit das Risiko einzugehen, ihn zu verlieren. Nur wenn es sich für den Hund lohnt oder die Tauschbeute zumindest gleichwertig ist, wird er auf das Tauschgeschäft eingehen. Dieses hat damit also einen gravierenden Nachteil: Sobald der Hund die Bilanz zieht, dass sich das Geschäft für ihn nicht lohnt, wird es nicht funktionieren. Daher ist es notwendig, ein Signalwort wie z. B. „Aus" hinzuzufügen. So lernt er das Ausgeben aufgrund eines Signals. Damit der Hund ein Signal gut erlernt, muss nach der anfänglich kontinuierlichen Belohnung eine variable Belohnung folgen. Der Hund wird also nicht mehr „bestochen", wie es beim Tauschgeschäft der Fall ist. Er bekommt eine Belohnung für eine Leistung, die er erbracht hat. Da der Hund beim Training nie weiß, wie die Belohnung ausfallen wird, bleibt er motiviert und arbeitet mit.

Abgeben von Kauartikeln

Im letzten Schritt wird das Signal „Aus" mit Kauartikeln bzw. Futter trainiert, das dein Hund direkt, also „ohne Verpackung", im Maul hat. Du beginnst mit einem Kauartikel, der so groß ist, dass du ihn noch anfassen kannst, wenn ihn dein Hund im Maul hat. Kauartikel eignen sich zudem für den Anfang, da diese in der Regel härter sind und vom Hund nicht so schnell verschluckt werden können. Erst wenn diese Übung problemlos funktioniert, kannst du auch kleinere Kauartikel bzw. Nahrungsmittel wie z. B. ein Stück Brot, einen Apfel oder eine Banane verwenden. Je kleiner und je weicher die Nahrungsmittel werden, desto schwieriger wird das Training für deinen Hund! Im letzten Schritt trainierst du das Signal nicht mehr gezielt in einer Trainingsstunde, sondern auf einem Spaziergang. Hierzu kannst du vorab auf deinem Spazierweg z. B. einen Kauartikel oder einen Kanten Brot an einer Stelle deponieren. Allerdings solltest du durch einen Helfer sicherstellen, dass dieser nicht vorab von anderen Hunden gefressen wird. Da du genau weißt, wo der Kauartikel liegt, bist du vorbereitet und kannst entsprechend schnell reagieren, wenn dein Hund ihn findet. Im letzten Schritt versteckt dein Helfer den Kauartikel, sodass auch du nicht weißt, wann dein Hund etwas Essbares finden wird. Du musst deinen Hund nun genau beobachten, um entsprechend schnell zu reagieren. Beginnt er auf einmal intensiv zu schnüffeln? Läuft er zielstrebig in eine bestimmte Richtung? Hast du deinen Hund zuvor gut beobachtet, kannst du seine Körpersprache kurz vor dem Auffinden von Essbarem sehr genau einschätzen! In dem Moment, wo er die Nahrung aufnimmt, sagst du das Signal „Aus", sodass dein Hund das Fressen sofort fallenlassen wird.

Auf dem Spaziergang findet Ginala ein Brötchen und läuft zielstrebig darauf zu.

Andrea hat Ginala im Blick und reagiert in dem Augenblick, in dem diese das Brötchen aufgenommen hat.

Auf das Signal „Aus“ von Andrea lässt Ginala das Brötchen sofort wieder fallen.

Signal „Schluss“

Auch einem Welpen solltest du das Signal „Aus“ beibringen. Dennoch empfehle ich, dem Welpen zunächst einmal das Signal „Schluss“ beizubringen und dieses auch durchzusetzen, indem du notfalls dem Welpen den Gegenstand einfach abnimmst, wenn er das Signal „Schluss“ nicht ausführt. Denn es kann immer einmal sein, dass du mit deinem Hund in eine Situation kommst, die für die Ausführung der Signale „Schluss“ oder „Aus“ noch zu schwer ist, da dein Hund diesen Trainingsstand noch nicht erreicht hat. Vielleicht warst du fleißig und dein Hund beherrscht beide Signale bereits mit einem Kauartikel wie einem Schweineohr. Auf einem Spaziergang findet dein Hund nun ein mit Wurst belegtes Brötchen. Du forderst ihn mit dem Signal „Schluss“ auf, das Brötchen nicht weiter zu fressen. Vielleicht hast du Glück und es klappt, vielleicht ist diese Aufgabe aber auch noch zu schwer für deinen Hund. Du könntest natürlich deinen Hund jetzt einfach ignorieren und ihn das Brötchen fressen lassen. Vielleicht wirft dich das im Training des Signals ein wenig zurück, diesen Rückschritt bekommst du jedoch durch konsequentes Training wieder aufgeholt. Was ist aber, wenn du den Verdacht hast, dass das Brötchen mit Gift versehen oder mit Nägeln gespickt ist? Dann musst du deinen Hund dazu bringen, das Brötchen so schnell wie möglich auszugeben. In diesem Fall ist es von Vorteil, wenn dein Hund weiß, dass du das Signal „Schluss“ im Notfall auch durchsetzen wirst, indem du ihm das Maul öffnest und das Brötchen abnimmst. Wenn er von Anfang an daran gewöhnt ist, wird er sich das Öffnen des Mauls auch als älterer Hund gefallen lassen, ohne dass es zu aggressivem Verhalten kommt. Daher gilt hier, je früher dein Welpe diese Erfahrung macht, desto einfacher wirst du dich später durchsetzen können.

Sollte dein Hund diese Erfahrung als Welpe jedoch nicht gemacht haben, dann verwende besser das Signal „Aus“ oder versuche, die Abgabe über ein Tauschgeschäft zu erreichen. Denn die Gefahr, dass dein Hund die Manipulation des Mauls nicht zulässt und aggressives Verhalten zeigt, besteht immer. In diesem Fall solltest du auch immer einen Hundetrainer hinzuziehen, der deinen Hund einschätzen und dir die auf deinen Hund angepasste Vorgehensweise raten kann.

Aggressives Verhalten des Hundes beim Verzehr eines Kauartikels

Das Training von Hunden, die beim Verzehr von Kauartikeln knurren oder nach dem Menschen schnappen, wenn dieser in der Nähe ist oder am Hund vorbeigeht, erfolgt ähnlich wie das Training aggressiver Hunde am Futternapf. An erster Stelle steht immer die Gefahrenvermeidung! Gib deinem Hund daher den Kauartikel nie in engen Räumen, in denen er sich mit seiner Beute zurückziehen kann wie z. B. in einer Box oder unter der Küchenbank. In diesen beengten Räumen sieht man nicht, ob der Kauartikel schon aufgefressen ist oder ob der Hund ihn vielleicht ganz oder teilweise unter einer Decke oder in einer Ecke versteckt hat. Entdeckt der Hund den Kauartikel später wieder und verteidigt diesen gegenüber dem Menschen, ist dieser meist vollkommen überrascht, da er gar nicht damit rechnet, dass sich dort noch eine Beute des Hundes befindet. Dein Hund sollte den Kauartikel daher nur dort bekommen, wo er ihn nicht verstecken kann. Du musst deinen Hund die gesamte Zeit über im Blick behalten können. Um die Zeit zu reduzieren, beginnst du zunächst mit kleinen, weicheren Kauartikeln wie z. B. einem Stück Trockenpansen. Halte dabei so weit Abstand von deinem Hund, dass er sich nicht von dir bedroht fühlt. Je mehr dein Hund in deiner Anwesenheit entspannt, desto näher kannst du herankommen und desto mehr kannst du dich auch im Raum aufhalten. Ignoriere deinen Hund dabei.

Parallel zu dieser Übung baust du das Apportieren mit deinem Hund auf. Trainiere zuerst das Signal „Aus" wie bereits beschrieben (siehe S. 114), nutze anfangs Gegenstände, später auch den Futterbeutel oder Nahrungsmittel. Kauartikel können anfangs auch in den Futterbeutel gesteckt werden, dabei lässt du diesen ein Stück herausschauen, sodass der größte Teil weiterhin im Futterbeutel steckt. Später kannst du den Kauartikel auch auf dem Futterbeutel festbinden, bevor du dann den Kauartikel ohne „Verpackung" nutzt.

Im Gegensatz zum Welpen beginnst du das Training für das Signal „Schluss" erst dann, wenn dein Hund das Signal „Aus" erlernt hat und dieses sicher mit verschiedenen Nahrungsmitteln und in den unterschiedlichsten Situationen ausführt. Denn einem Hund, der Beute für sich beansprucht und dies auch mit aggressivem Verhalten durchzusetzen versucht, fällt das Abgeben leichter, wenn er es innerhalb einer für ihn deutlich abgegrenzten Trainingssituation ausführen muss. Beim Appor-

Andrea steckt das Rinderohr so in den Futterbeutel, dass es zum Teil noch herausragt.

Da Jamie das Apportieren des Futterbeutels kennt, fällt ihm die Übung mit dem Rinderohr leicht.

Damit die 5 Monate alte Große Schweizer Sennenhündin Emmy lernt, Kauartikel abzugeben, hält Nils anfangs das Rinderohr noch selbst fest, während Emmy daran kauen darf.

tiertraining mit Kauartikel sollte er diesen ja erst einmal nur Apportieren. Er hatte ihn also im Maul, aber nur zu dem Zweck, diesen zu dir zu bringen. Beim Signal „Schluss" darf er den Kauartikel eine Weile für sich beanspruchen und zum Teil verzehren. Damit geht die Beute eindeutig in seinen Besitz über und er hat aus seiner Sicht auch das Recht, diese zu verteidigen. Deshalb solltest du die Übung zum Signal „Schluss" sofort anschließen, wenn du deinem Hund den Kauartikel gegeben hast. Denn je länger er darauf herumkauen darf, desto schwerer wird ihm das Beenden der Handlung fallen, und das nicht nur, weil der Kauartikel mit der Zeit auch immer kleiner wird! Anfangs kannst du den Kauartikel, der dazu natürlich entsprechend groß sein sollte, auch noch festhalten, während dein Hund auf ihm herumkauen darf.

Knurren ist eine Warnung!

Verzichte bei einem Hund, der aggressives Verhalten zeigt, beim Verzehr von Kauartikeln auf das kommentarlose Abnehmen der Beute wie wir es beim Training von Welpen oder gegebenenfalls auch entspannten erwachsenen Hunden besprochen haben (siehe S. 114). Dein Hund verteidigt zurzeit seine Beute dir gegenüber, sodass er eine solche direkte Handlung von dir nicht akzeptieren wird. Das Knurren ist eine Warnung, nicht näher zu kommen und nicht direkter vorzugehen. Reagierst du nicht auf diese Warnung, indem du deine Aktion abbrichst, bleibt deinem Hund nichts anderes übrig, als deutlicher zu werden und das aggressive Verhalten zu steigern. Dein Hund sieht das Abnehmen der Beute als Konfrontation an, er wird es sich nicht gefallen lassen. Du verstärkst damit das Problem!

Wenn Hunde Nahrungsmittel stehlen

Wenn Hunde Nahrungsmittel stehlen, ist das für die Familie nicht nur sehr anstrengend, da sie immer alles wegräumen und sämtliche Lebensmittel verschlossen aufbewahren muss. Es kann für den Hund auch schnell lebensgefährlich werden, da einige Lebensmittel, die für den menschlichen Verzehr unbedenklich sind, sich für Hunde nicht eignen. So sind für einen Hund bereits 20 Gramm Zartbitterschokolade je Kilogramm Körpergewicht aufgrund des in Schokolade enthaltenen Wirkstoffs Theobromin tödlich. Lauch, Knoblauch und Zwiebeln enthalten N-Propyldisulfid. Bereits 5–10 Gramm pro Kilogramm Körpergewicht führen beim Hund zur Anämie und können damit tödlich sein.

Ausreichende Versorgung

Ein Hund muss arttypisch gehalten und ausreichend versorgt werden. Er muss daher genügend Futter bekommen. Dennoch haben viele Hunde das Gefühl, nie satt zu sein, sei es, weil sie gerade Diät halten und abnehmen müssen, aufgrund einer Krankheit oder einfach nur aus dem Grund, dass der Magen des Hundes darauf ausgelegt ist, auch größere Mengen auf einmal aufzunehmen. Zudem bestehen Trockenfuttersorten aus relativ kleinen Futterstücken, die erst im Kontakt mit Flüssigkeit aufquellen, dann oft um das zwei- bis vierfache. Es genügt also eine kleine Menge Trockenfutter pro Mahlzeit, um alle notwendigen Nährstoffe zu erhalten. Der Hund wird also direkt nach dem Fressen kein Sättigungsgefühl haben, dieses stellt sich erst nach einiger Zeit ein. Diese Zeit braucht das Futter, um im Magen aufzuquellen. Damit hat der Hund direkt nach der Fütterung immer das Gefühl, zu wenig Nahrung zu erhalten. Von Vorteil ist die Frischfütterung, da hier der Nahrung das Wasser nicht entzogen wird, der Magen des Hundes nach der Mahlzeit daher gefüllt ist. Achte beim Kauf von Trockenfutter darauf, dass dieses nicht so stark aufquillt.

Wichtig

Gründe für das Stehlen

- Aus Hunger, auch krankheitsbedingt
- Der Hund ist frustriert, weil er z. B. allein gelassen wurde und sucht nach Möglichkeiten, seinen Frust abzubauen.
- Der Hund langweilt sich und ist nicht ausgelastet, da er nicht genügend beschäftigt wird bzw. zu lange allein zu Hause bleiben muss.
- Der Hund hat gelernt, dass er durch dieses Verhalten Aufmerksamkeit von seinem Menschen bekommt. Er stiehlt also nicht, um das primäre Hungerbedürfnis zu stillen, sondern um damit den Menschen zu manipulieren.
- Der Hund hat nicht gelernt, dass Nahrungsmittel, die herumliegen, nicht automatisch ihm gehören.

Mischlingshündin Shila hat Spaß daran, Tricks auszuführen. Charmant fordert sie ein weiteres Futterstück bei Martin ein.

Futtergaben im Training

Aber auch eine bestimmte Form des Trainings kann bei Hunden dazu führen, dass sie ständig Hunger haben. So wird Futter häufig im Training genutzt, um den Hund zur Mitarbeit zu motivieren. Der Hund wird dabei für jegliche Mitarbeit belohnt und bekommt so über den ganzen Tag verteilt sein Futter in vielen kleinen Mini-Portionen. Auch hierbei besteht das Problem, dass sich der Hund nie richtig satt fühlt und so gegebenenfalls regelrecht auf die Suche nach weiteren Nahrungsmitteln geht. In dem Fall solltest du dein Training so variieren, dass sich dein Hund sein Futter nicht über den ganzen Tag verteilt, sondern an maximal zwei Trainingseinheiten am Tag erarbeiten kann. Während des Trainings bekommt dein Hund für jede Übung nur ein kleines Futterstück, sodass du ihn am Ende des Trainings noch mit einer ausreichenden Futtermenge belohnen kannst und dein Hund sich zumindest zweimal am Tag sattfressen kann.

Aufmerksamkeit heischendes Verhalten

Handelt es sich um Aufmerksamkeit heischendes Verhalten, dann ignoriere dieses nach Möglichkeit einfach, wenn dein Hund Nahrungsmittel ergattert hat und frisst. Jede Reaktion von dir wird deinen Hund in seinem Handeln bestärken. Selbst wenn du schimpfst, hast du zumindest reagiert. Und da es deinem Hund gar nicht um das Fressen, sondern

Mein Tipp

Frust und Langeweile

Ein Hund, der aus Frust und Langeweile Nahrungsmittel klaut, muss mehr beschäftigt werden. Du kannst das Alleinbleiben in kleinen Schritten nochmals aufbauen (siehe S. 51 ff.) und deinen Hund ausreichend geistig als auch körperlich beschäftigen!

um deine Aufmerksamkeit ging, hat er sogar dann sein Ziel erreicht, wenn du sauer auf ihn bist und ihn korrigierst. Reagierst du dagegen nicht, erfährt dein Hund keine Bestätigung und wird das Interesse an diesem Verhalten verlieren. Ignorieren geht natürlich nicht bei Nahrungsmitteln, die für deinen Hund giftig sind, diese musst du ihm in jedem Fall z. B. mit dem Signal „Aus" abnehmen (siehe S. 114) bzw. mit „Schluss" das weitere Fressen unterbinden (siehe S. 115).

Fehlende Lernerfahrung

Häufig jedoch haben Hunde einfach nicht gelernt, dass Nahrungsmittel, die herumliegen, ihnen nicht gehören. Aus Hundesicht ist es ganz eindeutig: Hat jemand etwas zu essen und beansprucht es auch für sich, gehört es ihm. Steht er aber auf und lässt die Nahrung liegen, gibt er diese damit für die Allgemeinheit frei. Jeder, der die Nahrung findet, darf sie seinerseits für sich beanspruchen und fressen. Doch Hunde können lernen, dass Menschen Nahrung auch dann für sich beanspruchen, wenn sie nicht in unmittelbarer Nähe sind. Hast du z. B. das Salz vergessen und stehst noch einmal vom Esstisch auf, um das Salz aus der Küche zu holen, kannst du deinem Hund beibringen, dass er in dieser Zeit nicht an das auf dem Tisch liegende Essen darf. Verlässt du dagegen den Wohnbereich oder sogar das Haus, wird dein Hund nicht verstehen, dass er dennoch nicht an dein Essen darf. Vielleicht hast du ja Glück und dein Hund hält sich trotzdem an deine Regeln? Dann freue dich, denn in diesem Fall hat dein Hund z. B. generalisiert, dass er Futter immer nur auf dein Signal aufnehmen darf, auch wenn du nicht anwesend bist. Gerade Hunde, die sehr futterbezogen sind, werden eine solche Generalisierung jedoch nur schwer lernen.

Lebensmittelklau verhindern

Der erste und wichtigste Trainingsschritt ist daher erst einmal zu verhindern, dass dein Hund weiterhin Nahrung stehlen kann. Lebensmittel müssen immer weggeräumt und sicher verschlossen sein.

Jamie beobachtet Andrea aufmerksam, die gerade ein Croissant verzehren will.

Als Andrea aufsteht, um noch etwas aus der Küche zu holen, geht er ein paar Schritte hinterher.

Unterschätze dabei nicht die Kreativität und Intelligenz von Hunden, die auf Futtersuche sind. Im Handumdrehen hat dein Hund sich selbst beigebracht, Türen zu öffnen, Schubladen aufzuziehen oder Verschlüsse an Futtertonnen zu bedienen. Schließe daher Türen ab oder verwende einen Drehknauf anstelle einer Türklinke. Entferne Griffe von Schubladen und nutze nur wirklich fest verschließbare Behältnisse wie z. B. Futtertonnen. Räume Nahrungsmittel immer sofort weg, denn jedes Mal, wenn dein Hund wieder zum Erfolg kommt, wird dadurch auch das Verhalten an sich, also das Futterstehlen, bestärkt, es ist selbstbelohnend! Dennoch haben viele Hunde häufig Erfolg, denn sie können durch die Motivation ans Futter zu kommen, sehr erfinderisch werden. Vom Stuhl aus auf die Küchenanrichte springen, um das letzte Stück Kuchen zu fressen, den Backofen öffnen, um das Backblech mit dem Hähnchenfett vom Brathähnchen am Vorabend abzulecken oder den Vorratsraum öffnen, in dem der Futtersack steht – diese Liste kann unendlich fortgesetzt werden.

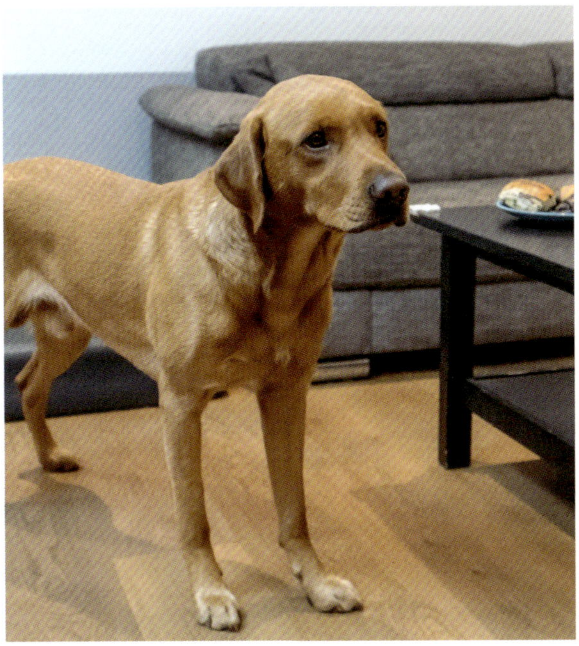

Obwohl das Croissant verlockend auf dem Tisch liegt, akzeptiert er, dass es immer noch Andrea gehört.

Räume tabuisieren

Grundsätzlich sollten – wenn möglich – Räume, in denen Essen aufbewahrt bzw. zubereitet wird, für Hunde, die Futter stehlen, tabuisiert werden. Der Hund soll lernen, dass er diese Räume niemals betreten darf. Dazu ist anfangs ein wenig Ausdauer notwendig. Du gehst also in den Raum, den dein Hund nicht betreten soll. Folgt er dir, dann schickst du ihn, sobald er über die Türschwelle tritt, wieder aus dem Raum hinaus. Dazu zeigst du mit dem Arm Richtung Tür und gehst ein paar Schritte auf deinen Hund zu. Du beanspruchst damit den Platz für dich, dein Hund soll weichen. Das Beanspruchen von Raum findet man auch in der Kommunikation unter Hunden, es ist für sie daher vollkommen natürlich. Dein Hund muss nur deine Körpersprache und deine Signale verstehenlernen, die sich natürlich leicht von der Körpersprache eines Hundes unterscheiden. Beansprucht ein Hund Raum für sich, wird er den näherkommenden Hund zunächst fixieren. Reicht dies nicht aus, damit der Hund Abstand hält, wird er sich groß machen, ein oder zwei Schritte fixierend auf den anderen Hund zulaufen und gegebenenfalls knurren. Deshalb solltest auch du mit aufgerichteter Körperhaltung und fixierend auf deinen Hund zulaufen. Keine Angst, du brauchst nicht zu knurren. Dein Hund weiß, dass du kein Hund bist und sich deine Körpersprache und Kommunikation von der eines Hundes unterscheidet. Als Lautzeichen kannst du z. B. einfach das Signal „Raus da“ verwenden. Sprich die Worte ruhig und bestimmt aus. Verlässt dein Hund den Raum, entspannst du dich sofort wieder. Gerade zu Beginn des Trainings musst du dich also sehr auf deinen Hund konzentrieren. Deshalb solltest du dich erst einmal ganz auf diese Übung konzentrieren und nicht nebenher noch kochen. Nicht, dass du im entscheidenden Augenblick den Topf mit heißem Wasser in der Hand hältst und dann nicht zum richtigen Zeitpunkt reagieren kannst. Denn sobald dein Hund die Schwelle übertritt, musst du ihn sofort wieder nach draußen schicken bzw. bringen. Am Anfang kannst du ruhig kleinlich sein, hat er also nur eine Kralle über die Schwelle gestreckt, wirst du schon aktiv und schickst ihn aus dem Raum.

Jörk schickt die Golden Retriever-Hündin Pebbles mit einer deutlichen Körperhaltung aus der Küche.

Pebbles legt sich daraufhin vor der Küche ab und wartet. Nach einiger Zeit wird sie hierfür von Jörk belohnt.

Hat dein Hund den Raum für eine ganze Weile nicht betreten, sondern brav vor der Türschwelle gewartet, kannst du ihn dafür belohnen. Dazu gehst du zu deinem Hund, denn er darf bei der Belohnung natürlich nicht in den Raum gerufen werden bzw. von sich aus den Raum betreten. Denn ein Hund verknüpft mit einer Belohnung immer die zuletzt ausgeführte Handlung, du würdest hier also das Betreten des Raums belohnen. Durch diese Kombination aus der Beanspruchung des Raums durch dich sowie der positiven Verstärkung des Draußenbleibens, wird dein Hund schnell lernen, dass er den Raum nicht betreten darf.

Eindeutige Körpersprache

Viele Menschen können das Beanspruchen von Raum ihrem Hund gegenüber nicht souverän durchsetzen. Das liegt entweder daran, dass sie die Körpersprache nicht eindeutig zeigen können. Hunde erkennen genau, ob wir eine Handlung ernst meinen oder nur schauspielern. Dabei geht es gar nicht darum, möglichst streng aufzutreten oder den Hund gar zu bestrafen, dass er die Küche betreten hat, sondern vielmehr als souveräner Entscheidungsträger in der Familie etwas für sich selbst zu beanspruchen. Vielleicht akzeptiert dein Hund aber auch nicht, dass du ihm gegenüber Anspruch auf etwas erhebst, sei es nun Raum, Beute oder Nahrung und reagiert mit aggressivem Verhalten. In beiden Fällen kannst du deinem Hund während dieses Trainings eine Hausleine am Geschirr befestigen. Das ist eine etwa 1–2 m lange Leine ohne Haken und Ösen, sodass dein Hund nicht hängenbleiben und sich dabei verletzen kann. Betritt er den Raum, den du tabuisieren möchtest, nimmst du die Leine in die Hand und führst deinen Hund ruhig aus dem Raum. Während dein Hund den Raum verlässt, kannst du das Signal „Raus da“ hinzufügen. Da er es kennt, von dir an der Leine geführt zu werden, wird er in diesem Augenblick entspannt reagieren und dir aus dem Raum folgen. Danach gehst du in den Raum zurück. Folgt dein Hund erneut, bringst du ihn vollkommen entspannt und ohne etwas zu sagen wieder hinaus. Nun heißt es Geduld haben! Nach einigen Wiederholungen wird dein Hund kurz vor dem Raum warten. Belohne ihn dafür. Die Wartezeit sollte nun immer länger ausgedehnt werden, vielleicht legt sich dein Hund ja auch bereits entspannt in sein Körbchen im anderen Zimmer. Dann hast du es geschafft und kannst das Belohnen nach und nach einstellen. Denn auch hier geht es, ähnlich wie beim Aufbau des Signals „Decke", darum, die Erwartungshaltung deines Hundes abzubauen.

Räume in Abwesenheit verschließen

Dein Hund hat gelernt, den Raum nicht zu betreten. Dennoch heißt das nicht, dass er den Raum auch nicht betritt, wenn du außer Haus bist. Ein solches Verbot ist für einen Hund nur verständlich, wenn ein Sozialpartner den Raum für sich selbst beansprucht. Ist niemand da, der einen Platz für sich beanspruchen kann, ist er aus Sicht des Hundes für alle anderen freigegeben. Daher musst du diese Räume in deiner Abwesenheit für deinen Hund unzugänglich verschließen!

Warum kein Signal?

Natürlich könntest du deinen Hund auch aus dem Raum hinaus und auf seinen Liegeplatz schicken (siehe S. 59 ff.) oder aber ihm das Signal „Bleib" kurz vor der Türschwelle geben. Doch selbst, wenn er diese Signale befolgt und brav an Ort und Stelle bleibt, wird er nicht verstehen, dass es gerade darum geht, den Raum nicht zu betreten. Denn du trainierst ja eigentlich genau das Gegenteil, nämlich „Bleib an einer bestimmten Stelle" und nicht, „Betrete eine bestimmte Stelle nicht"! Daher macht das Training dieser Signale in diesem Fall wenig Sinn.

Um deinem Hund noch deutlicher klarzumachen, dass es um den Raum und die Türschwelle geht, kannst du auch eine deutlich sichtbare Markierung auf den Boden kleben, das ist gerade auch bei offenen Räumen hilfreich.

Futter tabuisieren

Neben der Beanspruchung von Raum ist das Beanspruchen von Beute bzw. Nahrung unter Hunden ebenfalls natürlich. Bereits Welpen lernen dies spielerisch im Umgang mit der Mutterhündin. Nimm dazu z. B. einen Kauartikel oder ein Brötchen und lege es bewusst vor dich hin. Dein Hund sollte die Möglichkeit haben, dich dabei zu beobachten, aber bitte locke ihn nicht zu dir. Du möchtest ihm ja gerade beibringen, dass er Abstand hält, da wäre es unfair, ihn vorher noch anzulocken. Nähert sich dein Hund nun deinem Brötchen, fixierst du ihn. Halte dabei deinen Kopf leicht über das Brötchen. Dadurch signalisierst du deinem Hund, dass du das Brötchen für dich beanspruchst. Ignoriert dein Hund dein Verhalten und kommt näher, um sich das Brötchen zu nehmen, korrigierst du diesen Versuch z. B. mit einem Schnauzgriff. Gleichzeitig gibst du ihm ein Korrekturwort wie z. B. „Tabu" oder „Lass es", dieses ersetzt wie beim Tabuisieren von Raum das Knurren, das ein Hund in diesem Fall einsetzen würde. Später reicht dann allein das Fixieren in Kombination mit dem „Tabu", dass dein Hund die Annäherung abbricht.

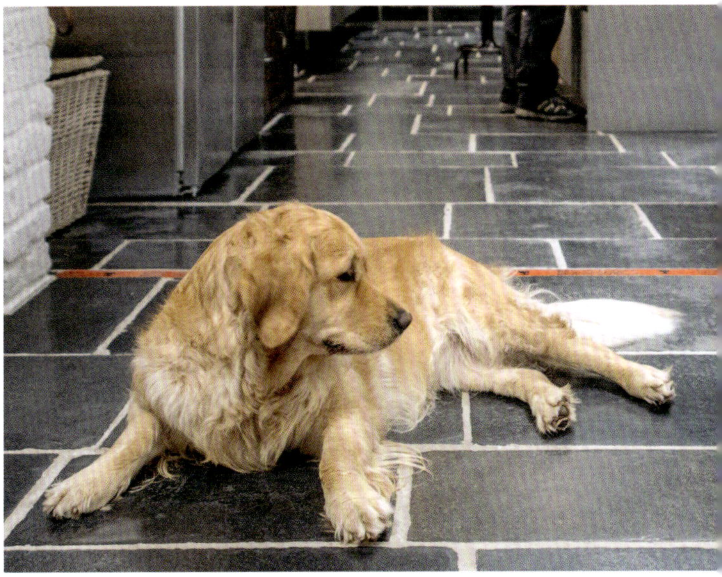

Jörk kann sich nun wieder dem Kochen widmen, Pebbles bleibt entspannt vor der Küche liegen.

Nicole legt ein Brötchen vor sich und Arjuna auf den Boden.

Als Arjuna sich diesem nähern will, fixiert Nicole sie.

Diese wendet sich daraufhin sofort beschwichtigend ab.

Am besten lässt du dir bei der Korrektur von einem Hundetrainer helfen. Dieser kann deinen Hund einschätzen und dir genau sagen, wie deutlich deine Korrektur ausgeführt werden muss. Bei manchen Hunden reicht ein Fixieren und andere brauchen einen deutlich ausgeführten Schnauzgriff. Deine Korrektur muss angemessen sein, damit sie wirkt. Sie darf weder übertrieben grob sein, sodass dein Hund Angst vor dir bekommt, noch darf sie zu sanft sein. In dem Fall würde dein Hund sofort wieder versuchen, an das Brötchen zu gelangen. Im Idealfall reicht jedoch eine Korrektur, damit dein Hund weiß, was du von ihm erwartest. Hat er akzeptiert, dass du selbst Anspruch auf das Brötchen erhebst, wird er nicht mehr in die Nähe des Brötchens gehen.

Nun kannst du deinem Hund klarmachen, dass du auch dann Anspruch auf das Brötchen erhebst, wenn du nicht unmittelbar davor sitzt. Dazu entfernst du dich ein bis zwei Schritte. Versucht dein Hund nun doch wieder an das Brötchen zu gelangen, fixierst du ihn und sprichst dein Tabuwort aus. Vergrößere nun schrittweise die Entfernung, aber bedenke dabei, dass, sobald du komplett außer Sichtweite des Brötchens bist, eine Generalisierung für deinen Hund schwer sein wird, da aus Hundesicht niemand Anspruch auf etwas erheben kann, zu dem nicht mindestens eine Sichtverbindung besteht. Jedes Mal, wenn dein Hund nun akzeptiert, dass Nahrung dir gehört, indem er von sich aus nicht näher herankommt bzw. beschwichtigendes Verhalten wie Wegschauen zeigt, kannst du dieses Verhalten auch positiv verstärken, indem du ihm ein Futterstück gibst. Dieses darf er aber erst nehmen, wenn du es freigegeben hast, dein Hund muss also lernen, Nahrung erst auf ein Signal von dir zu fressen.

Signal „Nimm" aufbauen

Am besten lernt dein Hund generell, dass er Futter bzw. Nahrung nur auf dein Signal hin nehmen darf. Egal, ob es sich dabei um das Futter aus dem Futternapf, einen Kauknochen, ein beim Salatschneiden heruntergefallenes Stück Möhre oder ein auf dem Spaziergang entdecktes Stück Brot handelt. Dein Hund soll zunächst einmal lernen, etwas entfernt zu warten, während du den Futternapf auf seinen Platz stellst, und sich dem Futter erst auf dein Signal hin zu nähern (siehe hierzu auch S. 109).

Zudem kann dein Hund lernen, Futter aus deiner Hand erst auf das Signal „Nimm“ zu nehmen. Dazu nimmst du einige Futterstücke in deine geschlossene Hand. Halte diese so, dass dein Hund die Futterstücke in deiner Hand riechen kann. Schnell wird er versuchen, an das Futter zu kommen, indem er an deine Hand stupst, an ihr leckt oder mit den Zähnen an ihr knabbert. Vielleicht versucht er auch mit der Pfote an deiner Hand zu kratzen. Egal was passiert, ignoriere ihn. Warte so lange, bis er das fordernde Verhalten einstellt und einen kurzen Augenblick ruhig abwartend vor dir steht oder sitzt. In diesem Augenblick öffnest du die Hand und lässt deinen Hund das Futter mit dem Signal „Nimm“ fressen. Im nächsten Schritt steigerst du die Schwierigkeit, indem dein Hund länger ruhig warten muss, auch wenn deine Hand bereits geöffnet ist. Versucht er vorab an das Futter zu gelangen, schließt du die Hand einfach wieder. Achte genau auf deinen Hund, wartet er einen kurzen Augenblick trotz geöffneter Hand, erfolgt dein Signal „Nimm“ und dein Hund darf das Futter in deiner Hand fressen.

Futteraufnahme vom Boden

Hat dein Hund gelernt, Futter aus deiner geöffneten Hand nicht einfach so herauszunehmen, kannst du dein Training ausbauen. Dein Hund soll nun lernen, Futter nicht einfach vom Boden aufzunehmen. Dazu legst du eines der Futterstücke vor dich auf den Boden. Versucht dein Hund in dem Augenblick, indem du das Futter auf den Boden legst, dieses zu fressen, nimmst du es einfach wieder auf. Wartet dein Hund jedoch kurz ab, sodass das Futter offen auf dem Boden liegen bleibt, gibst du es mit dem Signal „Nimm“ frei. Alternativ kannst du in einem ersten Schritt deinen Hund auch für das Warten mit einer qualitativ besseren Futterbelohnung aus deiner Hand belohnen, bevor du dann das Futterstück auf dem Boden freigibst. Nun steigerst du wieder die Zeit, die dein Hund warten muss. Zudem kannst du das Futter auch immer weiter weg von dir ablegen. Richtig schwer wird es, wenn du das Futter immer näher in Richtung deines Hundes auf den Boden legst. Wer das Training wirklich anspruchsvoll gestalten will, legt das Futter zwischen oder auf die Vorderpfoten des Hundes.

Ruhig wartet der Entlebucher Sennenhund Othello ab, während Ulla einen Futterbrocken auf seine Pfote legt.

Othello schaut Ulla erwartungsvoll an, erst auf das Signal „Nimm“ frisst er das Futterstück.

Futter fallen lassen

Die nächste Schwierigkeitsstufe ist, Futter fallen zu lassen oder ein Stück zu werfen. Dein Hund darf jetzt nicht einfach dem Futter hinterherrennen. Erst wenn du es ihm erlaubst, darf er dem Futterstück hinterherjagen und es fressen. Anfangs solltest du das Futter nicht zu weit und mit zu viel Schwung werfen, denn fliegende Beute animiert einen Hund zum Hetzen. Dein Hund muss erst lernen, diesen Impuls zu kontrollieren. Später kannst du die Schwierigkeit noch steigern, indem du nicht nur Futterstücke, sondern besonders verlockende Leckerlis oder Nahrungsmittel wie Fleischwurst oder Käse verwendest. Im letzten Trainingsschritt lässt du Futter bzw. Nahrung nicht mehr bewusst als Trainingsmaßnahme fallen, sondern ganz zufällig und unerwartet im Alltag. So kannst du dir z. B. eine Mahlzeit in der Küche vorbereiten und beim Transport ins Esszimmer fällt dir zufällig ein Stück Wurst vom Teller. Lässt dein Hund die Wurst liegen, hast du es geschafft! Denn für ihn ist es deutlich schwieriger, Futter in einer Alltagssituation, in der er gerade nicht mit einem Training rechnet, liegen zu lassen, als in einer künstlich gestellten Trainingssituation.

Anonyme Korrektur?

Viele Hunde lernen schnell, dass sie Lebensmittel nicht stehlen dürfen, wenn der Mensch in der Nähe ist. Verlässt dieser jedoch den Raum oder das Gebäude, bedeutet das für den Hund, dass der Mensch das Interesse an dieser Ressource aufgibt und sie somit für alle anderen freigegeben ist. Oft hört man die Empfehlung, bei diesem unerwünschten Verhalten mit anonymer Bestrafung zu arbeiten. So soll man z. B. eine Schüssel präparieren, die in dem Augenblick, in dem der Hund das neben der Schüssel liegende Brötchen klauen will, herunterfällt, sodass der Hund stark erschrickt. Zwar führt dies vielleicht sogar zum Erfolg, der Hund wird künftig nicht mehr versuchen, Brötchen von der Anrichte zu klauen. Die Gefahr besteht allerdings darin, dass der Hund so stark verunsichert wird, dass er sich in seinem Zuhause nicht mehr sicher fühlt. Denn die Bestrafung erfolgte anonym, sie ist für den Hund somit nicht direkt nachvollziehbar. Im schlimmsten Fall verknüpft er die anonyme Korrektur nicht mit dem Brötchenklau, sondern z. B. mit seiner Anwesenheit im Haus. Dies kann dazu führen, dass er künftig nicht mehr entspannt allein zu Hause bleiben kann, da er weitere Schreckmomente erwartet. Natürlich erschrecken nicht alle Hunde gleich so massiv. Jedoch führt dies auch meist dazu, dass die anonyme Korrektur nicht erfolgreich ist. Der Hund springt in dem Augenblick, in dem die Schüssel herunterfällt, zur Seite. Da er sich aber nicht besonders erschrocken hat, wartet er vermutlich noch einen kurzen Augenblick. Und da keine weitere Schüssel auf der Anrichte steht, die herunterfallen kann, startet er dann einen zweiten, jetzt erfolgreichen Anlauf!

Als Andrea das Brötchen vom Teller fällt, ignoriert Jamie dieses. Er geht im Bogen darum herum.

Gestörtes Fressverhalten bei Hunden

Gestörtes Fressverhalten ist eine Form der Nahrungsaufnahme, die in freier Wildbahn nicht vorkommt. Es handelt sich hierbei um Verhaltensauffälligkeiten, die nur bei Haushunden auftreten.

Wenn Hunde nicht fressen wollen

Oft entwickelt sich eine Anorexie (Appetitlosigkeit) aus einer Krankheit heraus, bei der der Hund z. B. aufgrund einer Operation oder aufgrund von Magenproblemen nicht bzw. nur wenig fressen durfte oder konnte. Die Ängste und Sorgen, die sich der Mensch während der Krankheit um den Hund gemacht hat, bleiben dann jedoch oft über den Zeitraum der vollständigen Genesung des Hundes bestehen. Die Fütterung bleibt eine Prozedur, in der der Hund viel Aufmerksamkeit erfährt, die er auch jetzt weiterhin einfordert. Aber auch eine falsche bzw. nicht vorhandene Prägung auf unterschiedliche Futterarten kann zu Problemen in Bezug auf die Fütterung führen. Welpen sollten daher in der Zeit beim Züchter möglichst unterschiedliche Futterarten kennenlernen, angefangen von Trockenfutter bis hin zu Nassfutter bzw. unterschiedlichen Fleischsorten und Gemüse bzw. Brei. So kann die neue Familie in Ruhe entscheiden, welche Variante der Fütterung sie bevorzugt bzw. zum Leben in der Familie passt. Gerade Welpen, die nur Trockenfutter kennengelernt haben, können sich anfangs mit einer Fleischfütterung nur wenig anfreunden. Doch auch umgekehrt gibt es häufig Probleme mit Straßenhunden, die sich in ihrem Heimatland oft nur von Straßenabfällen und dabei gern von Pizza, Nudeln und Co. ernährt haben. Soll der Hund nun mit Trockenfutter ernährt werden, lässt er den Napf oft mit tiefster Verachtung stehen und verschmäht jeden Futter-

Jamie apportiert eine Ente. Als Jagdhund bringt er dem Jäger die auf der Jagd geschossene Ente.

brocken. Ein Anorexie-Problem entwickelt sich zudem eher bei Tieren, die von sich aus keine großen Fresser sind. Einige Rassen zeigen dabei eine Tendenz zur Verfressenheit. So wird ein Labrador Retriever eher selten zur Anorexie neigen. Vermutet wird hier, dass dieses Verhalten durch züchterische Auslese verstärkt wurde. Der Labrador Retriever muss als Jagdhund bei der Entenjagd im kalten Herbst die vom Jäger geschossenen Enten aus dem Wasser holen. Dabei ist eine leichte Fettschicht von Vorteil, da der Hund damit nicht so schnell auskühlt. Dies bedeutet natürlich nicht, dass Labrador Retriever immer dick sein müssen! Auch diese Rasse kann man durch angepasste Fütterung schlank halten. Dennoch wird man selbst bei einem schlanken Labrador Retriever immer eine dünne Fettschicht über den Rippen spüren können, wohingegen bei einem Windhund im schlanken Zustand beinahe schon jedes einzelne Blutgefäß unter der Haut sichtbar ist.

Fehlende Konkurrenz

Häufig sind futtermäkelige Hunde Einzelhunde, die es nicht nötig haben, sich um ihr Futter zu sorgen. Der Mensch erhebt in der Regel keinen Anspruch auf das Hundefutter, sodass der Hund schnell lernt, dass er über diese Ressource frei verfügen kann. Und warum soll man etwas begehren, was scheinbar frei und unendlich verfügbar ist, selbst wenn man es unbeobachtet stehen lässt? Und häufig meint es der besorgte Hundehalter dann noch besonders gut mit seinem Hund und lässt das Futter den ganzen Tag zur freien Verfügung stehen. Das Futter verliert seinen Reiz, der Hund frisst immer weniger oder nur noch dann, wenn das Futter mit schmackhafter Sauce oder besonderen Zutaten verfeinert wurde. Dieses Phänomen kennen wir selbst aus dem „All-Inclusive-Urlaub“. Zu Beginn des Urlaubs stürzt man sich noch mit Begeisterung auf das angebotene Buffet. Die Teller werden gefüllt, man kann gar nicht genug bekommen. Nach einer Woche stellt man jedoch fest, dass das Angebot immer das gleiche ist. Und am Ende des Urlaubs pickt man sich gerade mal noch ein paar Leckerbissen heraus, man hat sich sattgegessen am Überangebot.

Da Reina sehr mäkelig frisst, lässt Marion das Futter den ganzen Tag stehen, damit Reina immer fressen kann.

Leben im Mehrhundehaushalt

Leben mehrere Hunde im Haus, kommt es in der Regel gar nicht zu dieser Problematik. Denn in dem Augenblick, in dem ein Hund den Napf verlässt, gibt er diesen bzw. die Reste darin für die anderen frei. Sobald die anderen Hunde ihren eigenen Napf geleert haben, werden sie sich über den frei gewordenen Napf hermachen. Futter stehen zu lassen, um es später zu fressen, kann man sich in einer Gruppe bzw. in einem Familienverband nicht leisten.

Gehört dein Hund zu den mäkeligen Fressern, darfst du sein Futter keinesfalls zur freien Verfügung stehen lassen. Biete ihm maximal zweimal am Tag Futter an. Stelle es ihm hin und warte kurz, ob er an den Napf geht. Bei sehr unsicheren

Hunden solltest du dich allerdings auch entfernen, denn es kann sein, dass sich dein Hund einfach nicht an das Futter herantraut, solange du in der Nähe bist. Geht dein Hund nicht innerhalb von zwei Minuten an seinen Napf und beginnt zu fressen, nimmst du das Futter wieder weg. Die Fütterung ist beendet. Das gilt ebenso, wenn dein Hund das Fressen unterbricht, um sich anderen Dingen zu widmen. Und keine Angst, ein gesunder erwachsener Hund wird nicht verhungern, wenn du ihm zweimal täglich die Möglichkeit gibst, Nahrung aufzunehmen.

Zu viel Aufmerksamkeit

Viele Menschen machen sich aber Sorgen, wenn der Hund den Napf nicht leer frisst. Sie motivieren ihren Hund, indem sie bei ihm stehenbleiben und ihn zum Fressen ermuntern. Das kann zur Folge haben, dass der Hund das Fressen strategisch nutzt, um Aufmerksamkeit zu erlangen, indem er nur noch in Anwesenheit des Menschen frisst. Eine ähnliche Wirkung erzielen Menschen, die das Futter aus dem Napf nehmen und in kleinen Portionen aus der Hand füttern. Auch hierbei lernt der Hund, dass „Nicht-Fressen" Aufmerksamkeit bringt, das Problem „Nicht-fressen" wird also weiter verstärkt. Alternativ versuchen einige Menschen ihrem Hund das Futter etwas schmackhafter zu machen. Natürlich spricht erst einmal nichts dagegen, die Fütterung des Hundes umzustellen. Gerade Straßenhunde müssen Trockenfutter als mögliche Nahrungsquelle meist erst kennenlernen. Hier kannst du ruhig anfangs erst einmal Nudeln kochen, die du unter das Trockenfutter, das dein Hund künftig fressen soll, mischst. Der Anteil des Trockenfutters wird dann immer weiter gesteigert, bis Nudeln nur noch als Highlight oder zur besonderen Belohnung im Training verwendet werden.

Wertest du jedoch bei einem futtermäkeligen Hund das gerade verschmähte Trockenfutter mit einer schmackhaften Sauce auf und bietest dieses deinem Hund erneut an, bewirkt das in der Regel, dass er noch mäkeliger wird. Denn es lohnt sich für ihn zu warten, er hat schnell gelernt, dass nach einem ersten Angebot ein zweites, besseres Angebot folgt. Hieraus entsteht dann oft ein Teufelskreis: Je weniger Interesse der Hund am Futter zeigt, desto größer wird leider die Zuwendung durch den Menschen bzw. desto schmackhafter wird das Futter. Mensch und Hund geraten zur Fütterungszeit unter Druck, je mehr Stress entsteht, desto weniger frisst der Hund. Versuche daher, diesen Druck abzubauen, indem du die Fütterung wieder zu einer „normalen" Handlung machst. Reduziere Futterzusätze wie Brühe oder Wurst. Ignoriere deinen Hund beim Fressen. Ändere die Rituale, indem du deinen Hund zu unterschiedlichen Zeiten fütterst. Auch in der Natur gibt es nicht immer zu einer fest vorgegebenen Zeit eine Mahlzeit. Der Hund frisst dann, wenn Nahrung gefunden oder erjagt wurde. Oft hilft aber auch eine Veränderung des Futterplatzes. Viele Menschen füttern ihren Hund im Flur, da dieser meist gefliest und daher leicht zu reinigen ist. Der Flur ist als Futterplatz jedoch in der Regel nicht wirklich geeignet. Der Hund soll bei der Fütterung seine Ruhe haben. Er soll sich keine Sorgen machen müssen, dass andere Menschen ihm zu nahe kommen und eventuell sein Futter beanspruchen. Genauso wenig soll er sich aber auch selbst Sorgen um andere Aufgaben wie z. B. das

Gaia hat ihren Futterplatz in einer ruhigen Ecke im Wohnzimmer.

Futterangaben der Hersteller

Beachte bei der Fütterung deines Hundes weniger die Angaben auf der Verpackung, diese sind meist etwas zu großzügig angegeben. Zudem lesen viele Menschen die Angaben falsch, denn oft ist eine Gewichtsspanne angegeben. So soll z. B. ein Hund mit 20–25 Kilogramm ca. 250 Gramm Futter täglich erhalten, ein Hund mit 25–40 Kilogramm dagegen aber ca. 400 Gramm. Hat man nun einen Hund, der 30 Kilogramm wiegt, füttern viele Menschen ihm 400 Gramm Trockenfutter, da er in diese Kategorie fällt, die auf der Packung mit dieser Futtermenge angegeben ist. Hier muss jedoch umgerechnet werden, in der Regel, indem man das jeweils maximal angegebene Körpergewicht als Grundlage nimmt! Bekommt der 25 Kilogramm schwere Hund 250 Gramm Futter und der 40 Kilogramm schwere Hund 400 Gramm Futter, sollte der 30 Kilogramm schwere Hund maximal 300 Gramm Futter täglich erhalten. Er würde bei 400 Gramm Futter also jeden Tag ein Drittel seiner normalen Futterration zu viel bekommen. Da ist Übergewicht bereits vorprogrammiert. Daher solltest du die Fütterung an den jeweiligen Verbrauch und den entsprechenden körperlichen Zustand deines Hundes anpassen. In Zeiten, in denen du viel unterwegs bist und dein Hund sich körperlich anstrengen muss, darf es gern auch etwas mehr sein, wohingegen in Zeiten geringer Aktivität das Futter reduziert werden sollte. Beobachte deinen Hund genau, du wirst schnell erkennen, wann er zu dünn oder zu dick wird, bevor ein kritischer Zustand erreicht ist.

Übergewicht

Hat dein Hund Übergewicht, solltest du das Futter reduzieren. Denn Übergewicht ist genauso wie beim Menschen ungesund. Es fördert Gelenkkrankheiten wie Arthrose und kann zu Herz-Kreislauf-Krankheiten oder Diabetes führen.

Doch Vorsicht, genau wie beim Menschen ist von einer „Hau-Ruck"-Diät abzuraten. Auch Hunde dürfen nur langsam Kilo für Kilo abnehmen. Und genauso wie beim Menschen geht es auch nicht ohne ein gezieltes Bewegungstraining, bei dem auf Einschränkungen durch die Fettleibigkeit geachtet werden muss. So sollte man mit einem übergewichtigen Hund niemals Agility oder ähnliche Sportarten betreiben, da diese bei erhöhtem Gewicht die Gelenke überbeanspruchen würden. Ein ruhiges gleichmäßiges Training, z. B. mit vielen Schwimmstrecken, kommt hier eher infrage.

Wenn Hunde alles fressen

Zum Leidwesen vieler Menschen fressen Hunde die augenscheinlich seltsamsten und aus Sicht des Menschen ekelhaftesten Dinge. Der Geschmackssinn des Hundes unterscheidet sich hier einfach von dem des Menschen. Wildkaniden verbuddeln Fleisch, das sie nicht mehr fressen können, um es für später aufzubewahren. So ist es für den Wildhund vollkommen normal, auch bereits leicht verwestes Fleisch zu fressen. Zudem werden Beutetiere häufig komplett aufgefressen, mitsamt Haaren, Innereien und Darminhalt. Kein Wunder also, dass viele Haushunde auch heute noch gern Kot fressen.

Mein Hund frisst Gegenstände

Es gibt Hunde, die alles fressen, was sie finden, vom Stein über den Kronkorken bis hin zum Kugelschreiber (Allotriophagie/Pica-Syndrom). Sehr häufig handelt es sich dabei um Aufmerksamkeit heischendes Verhalten. Denn immer, wenn der Hund einen Gegenstand aufnimmt, ist sofort der Mensch da, um ihm diesen abzunehmen. Entweder

Mein Tipp

Gewöhnung an einen Maulkorb

Der Hund kann auch vorübergehend zu seiner eigenen Sicherheit an einen Maulkorb gewöhnt werden (siehe S. 73), da in der Regel das Problem nicht in zwei Tagen gelöst werden kann. Der Hund muss in dieser Zeit auch geschützt werden, wenn man ihn nicht beaufsichtigen kann.

aus Angst, dass der Hund sich beim Verschlucken daran verletzen könnte oder aus Angst, den wertvollen Gegenstand zu verlieren. Liegt der Hund dagegen brav im Körbchen, bekommt er keine Aufmerksamkeit. Handelt es sich um Aufmerksamkeit heischendes Verhalten, kann durch Ignorieren des unerwünschten Verhaltens ein „Auslöschen" dieser Verhaltensauffälligkeit erreicht werden. Schluckt der Hund den Gegenstand hinunter, wenn sich der Mensch ihm nähert, kann separat das Ausgeben eines Gegenstandes geübt werden (S. 115). Tritt der Ernstfall ein, hat der Hund also erneut einen Gegenstand aufgenommen, muss jeweils abgewogen werden, ob der Hund einfach ignoriert werden kann oder ob man ihn dazu auffordert, den Gegenstand zu bringen und abzugeben. Hierbei muss man bedenken, dass man durch die Belohnung bei der Abgabe automatisch auch das Aufnehmen des Gegenstandes verstärkt. Der Hund verknüpft bei häufiger Wiederholung also eine Verhaltenskette. Dabei muss er erst einmal etwas eigentlich Unerwünschtes durchführen, um an die Belohnung zu gelangen. Er lernt, dass es sich lohnt, einen Stein aufzunehmen, da anschließend der Mensch das Ausgeben belohnen wird. Somit kann das Belohnen dieser Verhaltenskette dazu führen, dass der Hund noch häufiger Gegenstände sucht, damit sein Mensch ihn auffordert, diese abzugeben. Man erreicht damit also unbeabsichtigt eine Verstärkung des unerwünschten Verhaltens. Daher sollte der Hund in der Regel ignoriert werden, wenn er von sich aus Gegenstände aufnimmt. Die Aufforderung zur Abgabe des Gegenstandes mit anschließender Belohnung sollte nur sehr selten und nur im Notfall durchgeführt werden.

Lilyen liebt das Apportieren. Bringt sie jedoch unaufgefordert etwas, wird sie von Andrea ignoriert.

Beutemotivierte Hunde

Häufig sind Hunde, die ständig Gegenstände aufnehmen, auch einfach sehr beutemotiviert. Sie lieben es, Beute zu machen und diese dann herumzutragen. Zeigt dein Hund diese Motivation, dann befriedige sie gezielt durch ein Apportiertraining. Nun kann dein Hund Beute aufnehmen und im Maul halten, für das Abgeben der Beute erhält er sogar noch eine Belohnung. Hier brauchst du keine Angst zu haben, dass dein Hund durch diese positive Verstärkung beim Apportiertraining noch häufiger unerwünscht Beute aufnehmen wird. Denn beim Apportiertraining lernt dein Hund, die Beute nur dann zu holen und aufzunehmen, wenn du ihm das Signal dazu gibst. Anfangs kann es zwar sein, dass dein Hund ausprobiert, ob das lustige Apportierspiel auch dann stattfindet, wenn er selbst einen Gegenstand findet und wird dir vielleicht begeistert deinen Hausschuh bringen. Ignorierst du ihn dann konsequent, so wird er schnell lernen, dass Apportieren nur dann belohnt wird, wenn du das Spiel beginnst und einen Apportiergegenstand als gemeinsame Beute definierst.

Sobald Destiny auf dem Spaziergang Pferdeäpfel in die Nase bekommt, ist sie nicht mehr zu halten.

Mein Hund frisst Kot

Viele Hunde fressen Kot (Koprophagie), den eigenen Kot, den Kot von Artgenossen, von Menschen oder von Pflanzenfressern, und das aus den unterschiedlichsten Gründen. Ursachen können ernährungs-, haltungs- oder erziehungsbedingt sein, aber auch durch eine Fehlprägung entstehen: Hat der Hund z. B. in der Welpenzeit nicht genügend Futter bekommen und musste sich von seinem eigenen Kot bzw. dem Kot der Geschwister/Mutter ernähren, ist er eventuell auf diese Nahrung geprägt. Auch Hunde, die in zu kleinen Zwingern mit mangelnder Hygiene gehalten werden, gewöhnen sich häufig das Kotfressen an. Ursprünglich aus Stress und Frustration zeigt ein solcher Hund oft auch später noch, wenn er arttypisch und unter guten Bedingungen gehalten wird, weiterhin das Kotfressen.

Warum Hunde Kot fressen?

Fremder Kot wird oft bei Ernährungsmangel gefressen, besonders der Kot von Pflanzenfressern. Exkremente von Huftieren (vor allem Pferdeäpfel) sind angereichert mit fermentierten Produkten aus dem Darminhalt und dienen somit einfach der Bereicherung der Speisekarte des Hundes, auch wenn wir Menschen das nicht wirklich nachvollziehen können. Handelt es sich um Kot von Artgenossen, ist die Bedeutung oft, dass der Hund die Markierung der anderen Hunde nicht in seinem Revier duldet. Hunde markieren nicht nur mit Urin, auch Kot kann der Markierung dienen, denn auch dieser hinterlässt den individuellen Geruch. Viele Hunde suchen sich daher die Stellen zum Koten sehr genau aus, laufen hin und her und koten gern auch erhöht, auf einem abgesägten Baumstumpf oder Maulwurfshügel. Der Kot wird richtiggehend präsentiert!

Beim Kotfressen kann es sich aber auch lediglich um Aufmerksamkeit heischendes Verhalten handeln, da der Mensch jedes Mal sofort aktiv wird, wenn sich der Hund einem Kothaufen nähert. Die meisten Menschen ekeln sich, wenn ihr Hund Kot frisst, und versuchen daher in der Regel hektisch, laut und aufgeregt dies zu verhindern. Der Hund lernt so, dass er immer dann Aufmerksamkeit bekommt und im Mittelpunkt steht, wenn er auf einen Kothaufen zuläuft und vielleicht sogar noch ein Futterstück bekommt, wenn er kurz vorher umdreht. Geht er dagegen brav auf dem Weg, wird er ignoriert und bekommt weder Futter noch Aufmerksamkeit. Somit verstärkt der Mensch ganz unbewusst das Kotfressen!

Medizinische Abklärung

Frisst dein Hund häufig Kot, insbesondere den Kot von Pflanzenfressern, solltest du zunächst einmal medizinisch abklären, ob es sich um einen Ernährungsmangel handelt. Sprich mit deinem Tierarzt und lass eine Blutuntersuchung durchführen sowie eine Kotprobe untersuchen. Oft sind Würmer die Ursache dafür, dass ein Hund sein Futter nicht mehr ausreichend verwerten kann, er magert ab und nutzt jede Gelegenheit zur Nährstoffaufnahme.

Ist Kotfressen gefährlich?

Kotfressen ist nicht immer ungefährlich für den Hund. Bereits das Schnuppern am Kothaufen eines anderen Hundes oder Tieres und insbesondere dann natürlich auch die Aufnahme des Kotes, können dazu führen, dass der Hund dabei Wurmeier aufnimmt. Gerade Hunde, die Kot fressen, sollten daher in regelmäßigen Abständen, also etwa alle drei Monate entwurmt werden. Doch es besteht noch eine weitere Gefahr, insbesondere für alle collieartigen Hunde! Collies, aber auch der Australian Shepherd, Border Collie, Bearded Collie, Shetland Sheepdog, Wäller, Bobtail, Langhaar-Whippet, Weißer Schäferhund und Deutscher Schäferhund, alle diese Rassen können vom sogenannten „MDR1-Defekt" betroffen sein (siehe Kasten).
Dieser erblich bedingte Defekt führt bei betroffenen Hunden zu einer Aufhebung der sogenannten Blut-Hirn-Schranke, die verhindert, dass Medikamente von der Blutbahn direkt ins Gehirn gelangen. Wird diese Schranke umgangen oder funktioniert sie nicht, können Arzneimittel beim betroffenen Tier zu gravierenden Nebenwirkungen bis hin zum Tod führen. Hunde mit dem MDR1-Defekt sind daher häufig gegenüber vielen Medikamenten überempfindlich. Zu diesen Medikamenten gehören auch Entwurmungsmittel. Da Pferde, die auf der Weide stehen, auch regelmäßig entwurmt werden, kann sich in den Pferdeäpfeln noch ein Rest des Wirkstoffs befinden. Frisst ein vom Gendefekt betroffener Hund daher eine größere Menge Pferdeäpfel, kann er schwer erkranken, im schlimmsten Fall sogar sterben! Als Halter eines eventuell betroffenen Hundes solltest du daher durch eine Blutuntersuchung feststellen lassen, ob dein Hund an diesem Gendefekt leidet bzw. ein Gen für diesen Defekt in sich trägt, oder ob er frei von diesem Defekt ist und du dir diesbezüglich keine weiteren Sorgen machen musst. Auch wenn dein Hund keine Pferdeäpfel frisst, ist diese Information für dich und auch für deinen Tierarzt wichtig, denn ein vom MDR1-Defekt betroffener Hund darf mit einigen Medikamenten nicht behandelt werden. Interessant ist hierbei, dass nicht nur erkrankte Hunde reagieren, auch Trägerhunde zeigen bereits eine Empfindlichkeit gegenüber bestimmten Stoffen. Damit ist dieser Defekt für die Zucht von noch größerer Bedeutung, denn tatsächlich muss man hierbei abwägen, inwieweit der Einsatz von Trägern in der Zucht sinnvoll ist.

Bei der Zucht sollte aber in jedem Fall verhindert werden, dass Welpen mit diesem Defekt gezüchtet werden. Dies ist ganz einfach durch eine Blutuntersuchung möglich. Natürlich ist ein vom MDR1-Defekt betroffener Hund erst einmal nicht krank. Dennoch besteht eine große Einschränkung in der Behandlungsmöglichkeit. Zudem besteht die Gefahr, dass der Hund durch Kotfressen schwer erkrankt oder stirbt. Aus diesem Grund achtet ein seriöser Züchter darauf, eine Verpaarung nur so zu planen, dass keine vom Gendefekt betroffenen Welpen entstehen können!

Wichtig

MDR1-Defekt

Bei einem autosomal-rezessiven Erbgang wie dem MDR1-Defekt kann durch eine einfache Blutuntersuchung festgestellt werden, ob ein Hund für diese Krankheit frei, Träger oder betroffen ist:

MDR1 +/+

- frei vom MDR1-Defekt
- kann kein defektes Allel vererben
- Gen funktionsfähig

MDR1 +/-

- Merkmalsträger
- kann Allel vererben
- leichte Empfindlichkeit gegenüber Zytostatika

MDR1 -/-

- vom MDR1-Defekt betroffen
- vererbt in jedem Fall das defekte Allel
- multiple Arzneiempfindlichkeit, die zum Tod führen kann

Damit Destiny sich nicht mehr so weit entfernt, läuft sie auf Spaziergängen nur noch an der Schleppleine. Parallel dazu trainiert Nadine mit ihr das Kommen auf Pfiff.

Rückruf festigen

Im Gegensatz zur Allotriophagie, bei der der Hund zwar auch auf dem Spaziergang, oft aber in Haus und Garten Dinge aufnimmt und frisst, zeigt sich das Kotfressen in der Regel nur auf dem Spaziergang. Für das Training sollte der Hund daher zunächst einmal lernen, sich nicht so weit von seinem Menschen zu entfernen. Ist der Hund weit entfernt, kann der Halter nicht erkennen, wann sich der Hund einem Kothaufen nähert, um dann gegebenenfalls noch rechtzeitig reagieren zu können. Hierzu wird der Hund anfangs erst einmal an die Schleppleine genommen, sodass er maximal einen Radius von 10 Metern zur Verfügung hat. Parallel dazu übst du das Signal „Hier“, damit dein Hund sicher abrufbar ist (siehe S. 104 f.). Übe das Abrufen nun sehr häufig auf dem Spaziergang, in vielen verschiedenen Situationen. Achte darauf, deinen Hund auch später nicht immer nur dann abzurufen, wenn er gerade einen Kothaufen in die Nase bekommen hat. Dann wird dein Rückruf nämlich schnell zu einem Ankündigungssignal und du erreichst damit genau das Gegenteil: Dein Hund wird in dem Moment, in dem du das Signal gibst, aufmerksam die Gegend nach einem Kothaufen abscannen.

Warum eine Korrektur nicht zum Erfolg führt

Oft wird empfohlen, den Hund zu korrigieren, wenn er Kot fressen möchte. Allerdings führt diese Korrektur nur selten zu einem wirklichen und dauerhaften Erfolg. Bei einer gut aufgebauten Korrektur bricht der Hund zwar das Kotfressen ab, jedoch musst du dazu immer in seiner Nähe sein, musst immer im Voraus sehen, dass dein Hund gleich Kot fressen wird. Einen Hund wirklich jede Sekunde zu beobachten, fällt den meisten Menschen schwer und es ist auch nicht wirklich das, was man sich unter einem entspannten Spaziergang vorstellt. Für deinen Hund handelt es sich um ein völlig natürliches Verhalten, er kann deinen Wunsch nach einem Abbruch bzw. den Grund für die Korrektur nicht wirklich nachvollziehen, zudem du selbst ja offensichtlich auch kein Interesse an dem Kothaufen hast und diesen etwa für dich beanspruchen möchtest.

Destiny lernt, Pferdeäpfel liegen zu lassen und stattdessen lieber den Apportiergegenstand zu Nadine zurückzubringen, da es dafür eine tolle Belohnung gibt.

Sobald sich dein Hund also unbeobachtet fühlt oder aber sich in dem Abstand zu dir aufhält, von dem er weiß, dass du ihn nicht rechtzeitig korrigieren kannst, wird er den Kot weiterhin fressen. Hast du ein Abbruchsignal, also ein „Tabu" bei deinem Hund aufgebaut (siehe S. 125 f.), dann kannst du dieses natürlich auch einsetzen, wenn es einmal zu einer Situation kommt, in der dein Hund einen Kothaufen entdeckt und du dich gerade neben ihm befindest. Als generelle bzw. einzige Trainingsform wirst du damit jedoch bei diesem unerwünschten Verhalten keinen dauerhaften Erfolg haben.

Ignorieren von Kotfressen

Viel sinnvoller ist daher z. B. das Ignorieren. Vielen Menschen fällt dies zwar unheimlich schwer, da sie sich vor ihrem Hund ekeln, wenn er Kot gefressen hat. Da jedoch sehr häufig Aufmerksamkeit heischendes Verhalten der Grund für das Kotfressen ist, hat man oft schnelle Erfolge, wenn der Mensch den Hund einfach komplett ignoriert. Natürlich sollst du deinen Hund nicht auf dem gesamten Spaziergang ignorieren! Gestalte vielmehr den Spaziergang spannend, lass deinen Hund viele kleine Aufgaben ausführen wie z. B. eine kleine Apportierübung, eine Futtersuche etc., sodass er gar nicht so viel Zeit hat, nach Kothaufen zu suchen. Die Übungen kannst du immer wieder unregelmäßig in deinen Spaziergang integrieren, dein Hund sollte nie wissen, wann die nächste Übung kommt, sodass er eher in einer Erwartungshaltung und mit seinen Gedanken und seiner Aufmerksamkeit bei dir bleibt, auch wenn er zwischendurch am Wegesrand schnüffelt. Findet dein Hund einen Kothaufen, kannst du ihn natürlich abrufen, falls das Signal in dieser Situation bereits gut klappt. Reagierst du zu spät oder ist das Signal „Hier" noch nicht gut aufgebaut, ignoriere deinen Hund einfach. Lass ihn den Haufen fressen und gehe dabei so schnell wie möglich weiter. Je zügiger du dich entfernst, desto eher wird dein Hund das Fressen des Kothaufens doch noch von sich aus abbrechen. Ein Schutz durch einen Maulkorb hilft beim Kotfressen nicht, da der Hund den Maulkorb problemlos in den Kothaufen drücken und so den Kot durch den Maulkorb aufschlecken kann.

Beagle sind Hunde mit guter Nase, die zudem gern fressen. Sie sind Meister darin, weggeworfene Essensreste zu finden.

Mein Hund frisst Abfall/Essensreste

Wie bereits beschrieben, ist es für Hunde normal, Nahrung zu sich zu nehmen, die bereits leicht vergammelt oder verwest ist. Es entstehen auch keine gesundheitlichen Probleme, wie das beim Menschen schnell der Fall wäre. Der Grund dafür liegt in einer etwas anderen Verdauung des Hundes, Nahrung wird relativ schnell in den Magen transportiert. Der Speichel dient dabei nicht wie beim Menschen bereits zur Verdauung, er leitet die durch die scherenartigen Zähne des Hundes lediglich zerkleinerte und nicht wie beim Menschen fein zermahlene Nahrung in den Magen. Die Magensäure des Hundes beinhaltet im Vergleich zum Menschen 10-mal mehr Salzsäure, damit ist sie deutlich „aggressiver“. So wird die Nahrung optimal für die Enzyme im Darm vorbereitet. Außerdem zerstört die Magensäure die meisten schädlichen Mikroorganismen, bevor die Nahrung in den empfindlicheren Darmtrakt des Hundes weiter transportiert wird. Der Transport in den Darm erfolgt relativ schnell, je nach Art und Menge der Nahrung spätestens nach einer Stunde. Aus diesem Grund sind Vergiftungen beim Hund auch so gefährlich, denn der Nahrungsbrei kann nur kurz nach der Aufnahme des Giftes durch Erbrechen wieder aus dem Magen geholt werden. Im Dünndarm angekommen, wird die Nahrung nun durch körpereigene Enzyme in ihre Bestandteile zerlegt, sodass die Nährstoffe vom Körper aufgenommen werden können. Die restliche, nährstoffarme Nahrung wird in den Dickdarm weitertransportiert. Da dieser relativ kurz ist, bleibt der Kot nicht lange im Körper des Hundes, er wird relativ schnell ausgeschieden, weshalb wiederum Bakterien im Körper des Hundes nicht viel Schaden anrichten können. Insgesamt dauert die Verdauung des Hundes nur etwa 24 Stunden – im Vergleich zum Menschen, bei dem die Verdauung durchaus mehrere Tage lang dauern kann, relativ kurz!

Gefährliche Lebensmittel

In Bezug auf Bakterien wäre es also überhaupt kein Problem, wenn man den Hund Essensreste wie den weggeworfenen Pizza-Rand, das verlockende Leberwurstbrot oder das übrig gebliebene Würstchen vom letzten Grillfest im Park einfach fressen lassen würde. Allerdings sind nicht alle Lebensmittel ungefährlich für Hunde. So sollte rohes Schweinefleisch nicht auf dem Speiseplan stehen, da es das für Menschen ungefährliche, für Hunde aber tödliche Aujetzki-Virus beinhalten kann. Hühnerknochen sollten niemals gekocht gefüttert werden, da sie schnell splittern und den Hund in der Speiseröhre oder im Magen verletzen können.

Gefährliche Lebensmittel

LEBENSMITTEL	SCHADSTOFF	GEFAHR	SYMPTOME
Avocado	Persin	Herzversagen, Herzmuskelschädigung	z. B. Herzrasen, Atemnot, Husten, Wasserbauch
Hülsenfrüchte Erbsen, Bohnen, Linsen (roh)	Phasin	Proteinbiosynthese wird gehemmt	z. B. Erbrechen, Durchfall, Bauchkrämpfe, Fieber, verminderte Urinausscheidung
Lauchgewächse Bärlauch, Knoblauch, Lauch, Schnittlauch, Zwiebeln	N-Propyldisulfid	Hämolytische Anämie (Blutarmut)	z. B. Erbrechen, Durchfall, Blut im Urin, Blutbildveränderungen. Tödliche Dosis: 5 – 10 Gramm pro Kilogramm Körpergewicht (1 Knolle Knoblauch für 10 kg schweren Hund)
Macadamianüsse	Phosphor sowie weiterer unbekannter Schadstoff	Leberschädigung	z. B. Steifheit, Probleme beim Laufen, Fieber. Tödliche Dosis: 4 Nüsse bei einem 15 kg schweren Hund
Nachtschattengewächse Aubergine, Kartoffel, Paprika, Peperoni, Tomate (grün, roh)	Solanin	Lähmung, Atemlähmung	z. B. Erbrechen, Durchfall, Störung der Gehirnfunktion
Schokolade (Kakao)	Theobromin	Herzrhythmusstörungen, Herzversagen	z. B. Hyperaktivität, Fieber, Krämpfe, Zittern. Tödliche Dosis: Zartbitterschokolade enthält 20 mg/g, tödlich sind 90 – 300 mg pro Kilogramm Körpergewicht (1 Tafel Zartbitterschokolade für 5 kg schweren Hund)
Schweinefleisch (roh)	Aujetzki-Virus	Gehirn-/ Nervenentzündung	z. B. unstillbarer Juckreiz, verschiedene zentrale Störungen, Fieber, Schluckbeschwerden. Tödliche Dosis: Verzehr führt zum Tod, in Deutschland bei Hausschweinen nicht mehr nachgewiesen
Weintrauben (Rosinen)	Oxalsäure	akutes Nierenversagen	z. B. Erbrechen, Durchfall, Magenkrämpfe. Tödliche Dosis: 10 – 30 Gramm pro Kilogramm Körpergewicht bzw. 3 Gramm pro Kilogramm Körpergewicht

Kothaufen des Hundes sollten immer eingesammelt und in der nächsten Mülltonne entsorgt werden.

Gefahr von Giftködern

Wie aus der Tabelle ersichtlich ist (siehe S. 141), muss ein Hund die meisten, für ihn schädlichen Lebensmittel in großen Mengen oder über einen längeren Zeitraum aufnehmen. Daher besteht bei der Aufnahme einer kleinen Menge, die ein Hund zufällig unterwegs auf dem Spaziergang findet, in der Regel keine Gefahr. Doch leider gibt es noch eine weitere Gefahrenquelle für den Hund. Immer mehr Menschen fühlen sich durch die Anwesenheit von Hunden gestört und greifen zu Maßnahmen, die nicht nur für Hunde gefährlich werden können. Gerade in stark bebauten Gebieten wie in Großstädten werden immer häufiger Giftköder gefunden. Menschen legen Wurststücke aus, die mit Gift oder scharfen Gegenständen versehen sind, in der Hoffnung, dass ein Hund diese Giftköder findet und frisst. Der Hund wird durch den Köder vergiftet bzw. erleidet schwere innere Verletzungen, der Tod kann oft nur durch schnelles Handeln verhindert werden. Natürlich ist das Auslegen von Giftködern strafbar, doch leider hält dies die Menschen nicht davon ab, Giftköder auszulegen. Die Berichte über gefundene Giftköder sowie die Zahl der durch Giftköder getöteten Hunde nimmt leider immer weiter zu. Bedenklich ist dabei aber auch, dass die ausgelegten Giftköder nicht nur von Hunden aufgenommen werden können. Gerade in Parks spielen häufig Kinder, die sich ein gefundenes Stück Wurst auch gern in den Mund stecken.

Rücksichtnahme

Damit gar nicht erst weitere Giftköder ausgelegt werden, weil Menschen sich von Hunden gestört fühlen, ist gegenseitige Rücksichtnahme gerade für Hundehalter oberstes Gebot. Kothaufen sollten selbstverständlich aufgesammelt und in der Mülltonne entsorgt werden. Hunde sollten nur dann frei laufen, wenn sie weder andere Menschen belästigen noch Wild jagen. Kommt dir also auf dem Spaziergang mit deinem Hund ein Mensch oder auch ein anderes Mensch-Hund-Team entgegen, sollte es für dich selbstverständlich sein, deinen Hund zunächst einmal zu dir zu rufen und anzuleinen. Auf Nachfrage und mit beiderseitigem Einverständnis dürfen die beiden Hunde dann natürlich auch gern frei laufen und miteinander spielen.

Anti-Giftköder-Training

In vielen Hundeschulen wird aufgrund der aktuellen Problematik ein spezielles Anti-Giftköder-Training angeboten, der Hund soll dabei lernen, Giftköder nicht aufzunehmen. Ein solches Training besteht aus vielen kleinen Schritten und ist daher sehr langwierig. Zudem muss man sagen, dass es natürlich niemals eine hundertprozentige Sicherheit gibt. Die Gefahr, dass ein Hund doch ein einziges Mal nicht richtig reagiert und einen Giftköder aufnimmt und verschluckt, besteht. Selbst wenn dein Hund einen Maulkorb trägt, könnte er einen Giftköder aus Leberwurst durch die Gitter des Maulkorbs drücken und damit das tödliche Gift aufnehmen. Daher solltest du deinen Hund auf dem Spaziergang nie aus den Augen lassen. Beobachte ihn, wenn er etwas aufnimmt und frisst, damit du notfalls schnell reagieren und noch rechtzeitig deinen Tierarzt aufsuchen kannst.

Ein Anti-Giftköder-Training besteht immer aus den folgenden, unterschiedlichen Trainingsschritten:

- Aufbau Signal „Nimm“
- Aufbau Signal „Aus“
- Aufbau eines Anzeigeverhaltens

Grundsätzlich geht es bei allen Übungen darum, dass dein Hund lernt, Nahrungsmittel/Futter nur mit deiner Erlaubnis aufzunehmen.

Aufbau Signal „Nimm“

Im ersten Schritt lernt dein Hund, Futter nur dann zu nehmen, wenn du es freigegeben hast, z. B. mit dem Signal „Nimm“ (siehe S. 126 ff.). Das Futter ist dabei anfangs in deiner Hand, später liegt es auch auf dem Boden. Gesteigert wird die Schwierigkeit, wenn das Futter zwischen oder auf den Pfoten des Hundes abgelegt wird. Anfangs verwendest du noch ganz normales, wenig spannendes Trockenfutter, später darf es dann auch ein Stück Wurst, ein Klecks Leberwurst oder der Pizza-Rand sein. Überlege dir vorab, welches Futter für deinen Hund individuell den höchsten Wert hat. Das Training beginnst du immer mit einem wenig attraktiven Futter, bevor du höherwertigeres Futter verwendest. Du kannst das Liegenlassen von Futter auch in dein tägliches Training der Grundsignale einbauen. Lege dazu Futter aus und lauf mit deinem Hund Bei-Fuß (vorab Signal „Fuß“ aufbauen, siehe hierzu S. 88 ff.) daran vorbei. Rufe ihn über eine Linie oder durch eine Gasse aus Futterstücken ab (vorab Signal „Hier“ aufbauen, siehe hierzu S. 104 f.).

Shila kommt auf den Pfiff von Roswitha und ignoriert Futterstücke, die in einer Linie auf dem Boden liegen.

Selbst wenn das Futter rechts und links von Shila liegt, ignoriert diese es komplett und läuft schnell hindurch.

Futtersuchspiel

Du kannst die Schwierigkeit steigern, indem du deinen Hund z. B. durch Dynamik dazu verleitest, sich das Futter einfach so, ohne dein Freigabesignal zu nehmen. Dazu eignet sich z. B. das Futtersuchspiel. Futter wird auf einer Wiese ausgeworfen, dein Hund wartet dabei in einigem Abstand mit dem Signal „Bleib". Erst nach deinem Freigabesignal darf er loslaufen und das Futter suchen. Noch schwieriger wird es, wenn dein Hund selbst in Bewegung ist. Dazu muss er zuerst einmal das Signal „Fuß" lernen (S. 88 ff.), er soll dazu nahe bei dir laufen und deinen Richtungsänderungen folgen. Nun startest du während des Fußlaufens das Futtersuchspiel, indem du ein Futterstück seitlich und später auch vor dich auf den Boden wirfst. Dein Hund soll dabei weiter an deiner Seite laufen. Erst auf dein Freigabesignal darf er das Futter suchen und fressen.

Auslegen während des Freilaufs

Richtig schwierig wird es, wenn sich dein Hund im Freilauf befindet, da er dann ja gerade kein anderes Signal ausführt. Wenn die oben beschriebenen Übungen klappen, probiere diese Variante einmal aus. Anfangs solltest du noch nicht zu dynamisch werfen und deinen Hund keinesfalls auffordernd anschauen. Das Futter wirfst du eher ganz nebenbei von dir weg. Bleibt dein Hund irritiert stehen und schaut dich fragend an, lobst du ihn. Du kannst auch zu ihm hingehen und ihm ein besonders leckeres Futterstück geben. Erst dann darf dein Hund auf dein Freigabesignal zum Futter. Anfangs solltest du das Futterstück nicht so weit werfen, denn möchte dein Hund dem Futter direkt hinterherlaufen, musst du dieses schnell wieder aufheben oder mit dem Fuß absichern. In dem Fall solltest du wieder einige Übungsschritte zurückgehen.

Aufbau Signal „Aus"

Ein weiterer wichtiger Trainingsschritt ist die Abgabe bzw. das Bringen von Futter. Dazu bringst du deinem Hund das Signal „Bring" (siehe S. 98) und „Aus" bei (siehe S. 115), anfangs erst einmal mit Gegenständen wie einem Ball oder Dummy. Beherrscht dein Hund das Apportieren sehr gut, kannst du ihn auch Nahrung apportieren lassen. Allerdings besteht das Problem beim Giftköder darin, dass es sich häufig um eher weiche Nahrung handelt. Die Gefahr, dass dein Hund zumindest einen Teil des Köders auf dem Weg zu dir bereits verschluckt, ist daher relativ groß. Aus diesem Grund macht es beim Training in Bezug auf Giftköder mehr Sinn, dem Hund anstelle des Apportierens mit Ausgeben in die Hand, das Signal „Aus" auf Distanz beizubringen. So kannst du deinem Hund auch aus weiter Entfernung signalisieren, den Gegenstand/das Futter, das er gerade gefunden und aufgenommen hat, sofort wieder fallen zu lassen. Du kannst dann in Ruhe zu deinem Hund gehen, dir anschauen, was er gefunden hat und es dann entweder aufheben und einpacken oder aber wieder für deinen Hund freigeben.

Aufbau Signal „Aus" auf Distanz

Dein Hund soll lernen, einen Gegenstand auch auf Distanz fallen zu lassen, anstatt dir diesen wie gewohnt zu bringen und in die Hand zu geben. Du kannst das Signal am einfachsten über eine

Ginala lernt, Gegenstände auf Signal von Andrea sofort fallen zu lassen, anstatt diese zu Andrea zu bringen.

komplett neue Übung aufbauen. Zuerst bringst du deinem Hund bei, aufzuräumen, also Gegenstände in eine Kiste einzusortieren. Fordere deinen Hund also auf, einen Gegenstand zu apportieren. Direkt vor dir steht die Kiste, in die dein Hund den Gegenstand künftig legen soll. Kommt er mit dem Gegenstand auf dich zu, hältst du deine Hand über die Kiste. Gib ihm dann dein Signal für „Aus" und zieh in dem Augenblick, in dem dein Hund den Gegenstand fallen lässt, deine Hand weg, sodass der Gegenstand in Kiste fällt. Im weiteren Training ziehst du dann deine Hand immer früher weg, bis dein Hund die Hilfe deiner Hand gar nicht mehr benötigt. Im nächsten Schritt stellst du die Kiste immer ein wenig weiter von dir weg. Ist dein Hund anfangs verunsichert, ob er zu dir oder zur Kiste laufen soll, wartest du einfach einen Augenblick ab. Du kannst dich als kleine Hilfestellung auch wieder einen Schritt in Richtung Kiste bewegen. Läuft dein Hund zur Kiste, belohnst du ihn sofort! Hat dein Hund verstanden, dass er mit dem Gegenstand nicht zu dir, sondern zur Kiste laufen soll, kannst du dieses Verhalten unter Signal stellen. Dein Hund lernt also jetzt, beim Hörzeichen „Kiste" in Richtung dieser zu laufen und dort den Gegenstand fallen zu lassen.

Jetzt hast du es fast geschafft, du musst nur noch die Kiste immer weiter wegstellen, bis du deinen Hund wirklich mehrere Meter von dir wegschicken kannst. Lässt er auch dort auf dein Signal „Aus" den Gegenstand in die Kiste fallen, kannst du das Signal auch außerhalb des Apportiertrainings nutzen. Lege dazu vorab einen Gegenstand, den dein Hund vom Training kennt, auf dem Spazierweg aus. Dadurch, dass du weißt, wo der Gegenstand liegt, bist du vorbereitet. In dem Moment, indem dein Hund den Gegenstand entdeckt und aufnimmt, signalisierst du ihm, den Gegenstand wieder fallen zu lassen. Wichtig ist, dass du jetzt schnell reagierst, damit dein Hund nicht auf die Alternatividee kommt, dir den Gegenstand zu bringen! Danach lässt du deinen Hund mit dem Signal „Bleib" warten, gehst zum Gegenstand und sammelst ihn selbst ein. Klappt die Übung gut, kannst du das Signal dann auch z. B. mit einem Brötchen probieren.

Anfangs lernt sie, Gegenstände auf Signal in eine Kiste fallen zu lassen.

Später wird auch ohne Kiste trainiert, sodass der Gegenstand direkt auf den Boden fällt.

Aufbau eines Anzeigeverhaltens

Der nächste große Punkt im Anti-Giftköder-Training ist das Anzeigen von Futter. Der Hund soll lernen, dem Menschen immer dann, wenn er Futter/Nahrung findet, diese über ein bestimmtes, vorher antrainiertes Verhalten anzuzeigen. Als Anzeigeverhalten sind folgende Verhaltensweisen möglich:

- Blickkontakt
- Sitzen und bellen
- Bringsel verweisen

Blickkontakt

Blickkontakt eignet sich für das Anzeigen von Nahrung/Futter auf dem Spaziergang meist nicht, da es kein sehr auffälliges Zeichen für den Menschen ist. Dieser müsste den Hund dann wirklich immer im Blick behalten. So kann es passieren, dass dein Hund dir signalisiert, dass er etwas gefunden hat, und du das gar nicht bemerkst und dementsprechend deinen Hund auch nicht belohnst. Passiert das häufiger, löschst du das zuvor aufgebaute Verhalten und dein Hund wird sich irgendwann doch wieder entscheiden, das gefundene Futter zu fressen. Zudem nehmen Hunde häufig auch aus anderen Gründen Blickkontakt zum Menschen auf, z. B. wenn sie unsicher sind, sich erschrocken haben.

Hinsetzen und Bellen

Sich Hinsetzen und Bellen ist dagegen ein sehr auffälliges Zeichen. Allerdings ist es für einige Hunde nicht einfach, das Bellen auf Signal zu erlernen. Häufig erreicht man das nur, indem man forderndes Verhalten bestätigt. Unter Umständen kann dies aber zu Problemen im Alltag führen. Natürlich kannst du deinem Hund auch beibringen, sich beim Fund von Futter/Nahrung einfach nur hinzusetzen, ohne dass er bellt. Da so aber das akustische Signal wegfällt, solltest du deinen Hund immer genau beobachten, damit du kein Anzeigeverhalten verpasst. Sich Hinlegen scheidet beim Anti-Giftköder-Training in der Regel aus. Der Hund wäre dabei zu nahe am Futter, sodass die Gefahr besteht, dass er in der Wartezeit bis du bei ihm angekommen bist, doch verlockt wird, den Köder zu fressen.

Luna probiert zunächst aus, mit der Pfote an das Brötchen unter dem Küchensieb zu gelangen.

Bringselverweisen

Als letzte Variante kannst du deinem Hund auch beibringen, durch sogenanntes Bringselverweisen gefundenes Futter anzuzeigen. Dazu wird ein Bringsel, also ein kleines längliches Stück Leder oder Kunststoff, am Halsband deines Hundes befestigt. Das Bringsel darf dabei nicht so lang sein, dass es deinen Hund im Freilauf stört, es muss aber ausreichend lang sein, damit er es selbstständig aufnehmen kann. Findet dein Hund nun Futter, nimmt er das Bringsel auf und kommt damit zu dir gelaufen. Danach läuft er wieder zum Futterstück zurück. Er pendelt dabei so lange zwischen dir und dem Futter hin und her, bis du am Futter angekommen bist. Der Vorteil dieser Variante ist, dass dein Hund etwas ins Maul nehmen kann. So wird er weniger dazu verleitet, das gefundene Futter doch noch aufzunehmen. Allerdings muss dein Hund dazu auch apportierfreudig sein, da er sonst das Bringselaufnehmen nur schwer lernen wird.

Da Luna mit dem Einsatz der Pfote keinen Erfolg hatte, setzt sie sich abwartend hin und schaut Heike an.

Diese belohnt Luna, da sich die Hündin künftig zur Futteranzeige hinsetzen und Heike anschauen soll.

Training mit Futterkorb

Um deinem Hund das gewünschte Anzeigeverhalten beizubringen, könntest du nun natürlich einfach Futter auf den Boden legen und deinem Hund das Signal für das jeweils gewünschte Verhalten geben. Doch du wirst nicht jedes Mal direkt in der Nähe deines Hundes sein, wenn dieser Futter auf dem Spaziergang findet, deshalb erfolgt der Aufbau des Anzeigeverhaltens am besten ohne ein vorheriges Signal. Dein Hund soll durch Ausprobieren selbst herausfinden, was von ihm gerade erwartet wird. Dazu wird das Futter, das du für den Aufbau der Anzeige nutzen möchtest, z. B. unter einen Drahtkorb (Küchensieb oder Ähnliches) gelegt, der durch Heringe etc. gesichert ist. Der Hund kann das Futter somit gut mit der Nase wahrnehmen, kommt aber nicht direkt heran, wenn er versucht, den Korb durch Kratzen mit der Pfote wegzuschieben. Somit kannst du ganz entspannt warten und musst deinen Hund nicht davon abhalten, den Korb zu entfernen und somit nicht ständig korrigieren. Eine Korrektur könnte nämlich in diesem Moment dazu führen, dass dein Hund das Ausprobieren von Verhaltensweisen einstellt. Dein Hund wird vielleicht erst einmal probieren, durch Kratzen mit der Pfote an das Futter zu gelangen. Hat er keinen Erfolg, wird er vermutlich schnell Blickkontakt zu dir aufnehmen. Diesen kannst du jetzt sofort belohnen, wenn Blickkontakt dein gewünschtes Anzeigeverhalten ist. Soll dein Hund sich hinsetzen, wartest du einfach weiter ab, bis er sich irgendwann abwartend hinsetzt. Forderndes Bellen zeigen Hunde, die dazu neigen (und denen man daher Bellen als Anzeigeverhalten schnell beibringen kann …), auch oft recht schnell. Soll dein Hund Bringsel verweisen, musst du das Aufnehmen und Bringen des Bringsels natürlich vorab aufgebaut haben! Daher ist diese Variante am aufwendigsten, sowohl was das Training als auch die Dauer angeht, und wird nur selten aufgebaut.

Heike nimmt nun das Küchensieb vom Brötchen weg. Luna schaut interessiert, wartet aber weiter ruhig ab.

Zur Belohnung darf Luna nun auch das für das Training verwendete Brötchen auf Signal fressen.

Diese Übung führst du nun mehrfach hintereinander durch. Dazu kannst du auf deiner Trainingswiese mehrere Körbe mit unterschiedlichem Futter verteilen. Dann gehst du unangeleint mit deinem Hund über das Gelände. Jedes Mal, wenn er einen Korb mit Futter/Nahrung findet, wartest du auf das Anzeigeverhalten, das du dann sofort belohnst. Anfangs muss dein Hund das Verhalten nur kurz zeigen, später dann auch immer wieder einmal etwas länger, denn du bist auf dem Spaziergang ja nicht immer direkt bei deinem Hund.

Jedes Mal, wenn dein Hund einen Futterkorb findet und das Anzeigeverhalten zeigt, öffnest du im Anschluss daran den Korb. Will sich dein Hund sofort auf das Futter unter dem Korb stürzen, wird der Korb wieder über das Futter gestülpt. Dein Hund erhält eine neue Chance beim nächsten Mal. Wartet dein Hund aber brav, wie er es zuvor beim Aufbau des Signals „Nimm" gelernt hat (siehe S. 126), bis du ihm die Freigabe erteilst, darf er das Futter unter dem Korb fressen. Dein Hund macht so die Lernerfahrung, dass du ihm gefundenes Fressen nicht einfach so verbietest, sondern er dieses nach deinem Freigabesignal fressen darf. Natürlich kannst du auf einem Spaziergang deinem Hund nicht immer erlauben, gefundenes Fressen aufzunehmen, da es sich möglicherweise tatsächlich um einen Giftköder handelt. Diesen musst du natürlich aufheben und entsorgen bzw. zur Polizei bringen. In diesem Fall solltest du mit deinem Hund im Anschluss daran wieder eine Futterübung durchführen, bei der er dann auch das ausgelegte Futter, nach deinem Freigabesignal, aufnehmen darf.

Nächster Schritt: Angeleinter Hund

Wenn das Training mit Korb über dem Futter klappt, muss diese Sicherung wieder abgebaut werden. Dazu nimmst du deinen Hund erst einmal an eine etwa ein bis zwei Meter lange Leine. Nun führst du das Training, wie bereits beschrieben, mit angeleintem Hund durch. Stürmt dein Hund wieder in Richtung Futter, gehst du noch einmal einige Trainingsschritte zurück und trainierst mithilfe des Korbs über dem Futter. Lässt sich dein Hund auf das Training ein, stürmt also nicht in Richtung Futter, sondern führt dein aufgebautes Anzeigeverhalten durch, freust du dich natürlich riesig mit deinem Hund und belohnst ihn sofort. Wartet er nach der

Belohnung ab, darf er auf dein Signal wieder das Futter auf dem Boden fressen. Erst wenn du die Leine nicht mehr als Sicherung brauchst, trainierst du ohne jegliche Sicherung durch Korb oder Leine. Nun kannst du das Training auf deinem Spaziergang durchführen. Vorab legst du an einer Stelle Futter aus, sodass dein Hund dieses erschnüffeln kann. Da du ja weißt, an welcher Stelle das Futter liegt, bist du bestens vorbereitet. Du kannst sofort auch nur auf eine kurze Ausführung des Anzeigeverhaltens reagieren und deinen Hund belohnen. Du siehst aber auch, wenn dein Hund nicht mit Anzeigeverhalten reagiert und kannst dann noch einmal einige Schritte im Training zurückgehen.

Training mit Helfer

Für den letzten Trainingsschritt benötigst du einen Helfer, der an dir unbekannten Stellen Futter auslegt. Du weißt also nicht, wo und wie viele Stellen vorab präpariert wurden. Dein Helfer beobachtet dich und deinen Hund und gibt dir im Anschluss an das Training Rückmeldung über Erfolg oder Misserfolg.

Achte beim Training auf dem Spaziergang immer darauf, dass das Futter auf der vorbereiteten Futterstelle nicht von anderen Tieren gefressen wird. Ein Training auf der stark frequentierten Freilauffläche macht also wenig Sinn. Aber auch im Wald freuen sich die Waldbewohner über eine solche Futterspende, allzu lange solltest du daher mit dem nachfolgenden Training nicht warten.

Problem des Anzeigens

Auch wenn das Training eines Anzeigeverhaltens im ersten Augenblick als „die Lösung" in Bezug auf Giftköder erscheint, bringt es doch einige Probleme mit sich. Der Mensch muss immer sehr aufmerksam seinen Hund beobachten. Natürlich sollte man sowieso unterwegs mit Hund immer ein Auge auf diesen haben, denn nur so kann man rechtzeitig reagieren, falls vor dessen Nase ein Hase hochgeht oder auch ein anderer Hund auf einmal um die Ecke kommt. Dennoch, wer beobachtet seinen Hund wirklich jede Sekunde? Dabei ist nicht das heutzutage weit verbreitete Phänomen gemeint, mit ständigem Blick aufs Handy durch die Gegend zu laufen. Aber auf dem Spaziergang möchte man ja auch die Natur genießen. Einen interessanten Käfer anschauen, den Blick einmal kurz in die Ferne schweifen lassen, sich an der blühenden Heide erfreuen. Was ist aber, wenn in genau diesem Augenblick dein Hund etwas Fressbares findet und es dir anzeigt. Da du gerade mit etwas anderem beschäftigt bist, reagierst du nun aber nicht. Und da von dir keine Reaktion kommt, wird dein Hund, wenn die Nahrung verlockend ist, diese vermutlich einfach fressen. In jedem Fall führt das Nicht-Belohnen dazu, dass dein Hund zukünftig, wenn er Futter findet, nicht mehr so zuverlässig anzeigen wird wie zuvor.

Hund im Dauerarbeitsmodus

Zudem kann es beim Anzeigeverhalten bei sehr arbeitswilligen Hunden zu einem weiteren Problem kommen. Da das Anzeigen nicht nur dann belohnt wird, wenn für den Hund eine deutlich erkennbare Trainingssituation besteht, er also von seinem Menschen das Signal erhalten hat, in den Suchmodus zu gehen und gefundene Nahrung anzuzeigen, sondern auf dem ganz normalen Spaziergang, ist der Hund sozusagen im Dauerarbeitsmodus. Da es immer sein kann, dass der Hund etwas findet und es zum Anzeigeverhalten mit anschließender Belohnung kommt, werden vor allem Hunde mit großer Motivation zur Zusammenarbeit mit dem Menschen geradezu auf die Suche nach einem Erfolgserlebnis gehen. So wird jeder Spaziergang zum Arbeitseinsatz, der Hund ist dauerhaft auf der Suche nach dem Erfolg. Entspanntes Spazierengehen wird damit unmöglich. Jeder Spaziergang bedeutet Anstrengung und Stress, man hat keine Möglichkeit mehr, dem Hund die für ihn doch wichtigen Ruhephasen und Entspannungsmomente zu gönnen. Bei solchen Hunden muss das Für und Wider stark abgewogen und ggf. doch lieber auf den Aufbau eines Anzeigeverhaltens verzichtet werden.

Service

Auf den nächsten Seiten findest du wichtige Adressen, du wirst über weitere Ratgeber von Martin Rütter informiert und erfährst mehr über die Autoren.

Nützliche Adressen

Martin Rütter DOGS
Die Hundeschulen für Menschen
www.martinruetter.com/hundeschulen

Hundeverbände

Verband für das Deutsche Hundewesen (VDH)
Westfalendamm 174
44141 Dortmund
Telefon: +49 (0) 231 565 00-0
E-Mail: info@vdh.de
Internet: www.vdh.de

Österreichischer Kynologenverband (ÖKV)
Siegried Markus Straße 7
2362 Biedermannsdorf
Telefon: +43 (0) 2236 710 667
E-Mail: office@oekv.at
Internet: www.oekv.at

Schweizerische Kynologische Gesellschaft (SKG)
Sagmattstraße 2
4710 Balsthal
Telefon: +41 (0) 31 306 62 62
E-Mail: info@skg.ch
Internet: www.skg.ch

Martin Rütter im Kosmos-Verlag

Hundetraining – Aufbau einer guten Beziehung und alle wichtigen Signale Schritt für Schritt erklärt.

Welpentraining – Auswahl, Tipps und Übungen für die ersten Monate mit dem Welpen/Junghund.

DOGS Hundeführerschein – Vorbereitung auf die theoretische und praktische Prüfung in den DOGS Hundeschulen.

Sprachkurs Hund – Körpersprache, Mimik und Lautsprache von Hunden verstehen lernen.

Hunde beschäftigen – Für jeden Hundetyp die passende Beschäftigung.

Hund und Kind – Der Beratungscoach für Familien, damit das Zusammenleben problemlos klappt.

Hundesenioren – Hier findet man viele Tipps, das Leben alter Hunde mit Freude zu gestalten.

Angst bei Hunden – Hier erfährt man, wie man mit den Ängsten seines Hundes umgehen kann und welche Hilfestellungen es gibt.

Haltung mehrerer Hunde – Richtige Auswahl und Regeln im Zusammenleben..

Jagdverhalten bei Hunden – Aufbau eines zuverlässigen Rückrufs und alternative Beschäftigung.

NOCH MEHR MARTIN RÜTTER
Hunde — training
Verständlich Partnerschaftlich Individuell
mit Martin Rütter
KOSMOS
BUCH
HUNDETRAINING
Hunde — beschäftigen
Spiele für jedes Mensch-Hund-Team
mit Martin Rütter
KOSMOS
BUCH
HUNDE BESCHÄFTIGEN
LECKMATTE
FUTTERTUBE
GOTOOB
FUTTERBALL SNOOP
PFEIFEN ACME
Welpen — training
Erfolgreich durch das erste Jahr
mit Martin Rütter
KOSMOS
BUCH
WELPENTRAINING
Hund und — Kind
So werden sie zum perfekten Team
mit Martin Rütter
KOSMOS
BUCH
HUND UND KIND
GESCHIRRE
PFOTENABDRUCK
MIT FORMSCHAUM
REISE-HUNDEDECKE
„MARTIN RÜTTER KOLLEKTION“
WELPEN
FÜHRLEINEN
BIOTHANE
Diese und weitere Produkte:
www.martinruetter.shop

Die Autoren

Martin Rütter gründete 1995 sein „Zentrum für Menschen mit Hund", in dem er nach neuesten wissenschaftlichen Kenntnissen aus der Verhaltensforschung seine Trainingsphilosophie DOGS aufbaute und diese bis heute weiterentwickelt. Mittlerweile gibt es in vielen Ländern Europas Hundeschulen, die nach DOGS arbeiten und in denen vor allem der Mensch im Vordergrund steht und mit seinen Problemen ernst genommen wird.
Doch auch das Entertainment hat es Martin Rütter angetan, und es ist ein Erlebnis, ihn live auf seinen Tourneen zu erleben. Zudem setzt er sich in den Medien für eine bessere Mensch-Hund-Beziehung ein. In seinen TV-Sendungen „Der Hundeprofi" und „Der VIP-Hundeprofi" hilft Deutschlands beliebtester Hundeexperte auch in schwierigen Fällen. Auf RTL berät er in „Die Welpen kommen" Neuhundehalter von Anfang an.

Andrea Buisman lebt in Zülpich bei Köln mit ihren Labrador Retrievern, mit denen sie aktiv die verschiedensten Beschäftigungsformen für Mensch und Hund ausübt. Hierzu zählen z. B. Agility, Apportiertraining, Jagdliches Training und Zughundesport. Sie ist seit 2003 im Team von Martin Rütter. Abgesehen von ihren Spezialgebieten „Mehrhundehaltung" und „Jagdverhalten" ist sie gefragte Referentin für Trainerfortbildungen zu Themen wie „Welpen" oder „Aggression bei Hunden". Sie bildet angehende DOGS Coachs aus und ist für die fachliche Betreuung des Netzwerkes der DOGS Hundeschulen zuständig. Auch das neue Angebot, den DOGS Hundeführerschein, hat sie mit entwickelt und leitet hier die Fortbildungen in den DOGS Hundeschulen.
Andrea Buisman züchtet zudem Labrador Retriever im Deutschen Retriever Club unter dem Zwingernamen „Speed'n Style".

Vom Hundeprofi —— lernen

160 Seiten

Sind Hunde immer freundlich, wenn sie wedeln? Gähnt der Hund, weil er müde ist? Warum verbeugen sich Hunde vor Artgenossen? Mit dem Sprachkurs Hund kann man Hundeverhalten Schritt für Schritt verstehen: Vom Einsatz der Körpersprache über die Mimik bis hin zu Lautäußerungen zeigt Martin Rütter alle Facetten der Kommunikation und schafft es, das Bewusstsein für die eigene Ausdrucksweise zu wecken und den Blick für die Signale der Hunde zu schärfen.

Hier ist für jede Hunderasse und jeden Charakter etwas dabei. Beute-, Schnüffel-, Bewegungs- und Denkspiele bieten unendliche Möglichkeiten für Beschäftigung auf dem Spaziergang oder zu Hause.
Der Hundeprofi gibt Tipps, wie man die Motivation weckt, das Training aufbaut und Belohnungen einsetzt. Auch mögliche Gefahren werden besprochen. So macht das Spiel im Mensch-Hund-Spiel nicht nur Spaß, es fördert gleichzeitig auch die Beziehung und macht beide Partner glücklich.

160 Seiten

kosmos.de

176 Seiten

„Hundetraining mit Martin Rütter“ ist der beliebteste Hundeerziehungsratgeber im deutschsprachigen Raum. Hier erfahren Hundehalter alles über die Grundlagen einer guten Beziehung zwischen Mensch und Hund: wie man die Bindung zu seinem Hund verstärkt, welche Signale er verstehen sollte und wie man mehr Abwechslung in den Alltag mit Hund bringen kann. Ganz nach dem Motto des Hundeprofis: „Hunde sind Persönlichkeiten, die es verdient haben, dass wir uns mit ihren Wünschen, Stärken und Schwächen beschäftigen.“

Martin Rütter und Andrea Buisman beraten Familien in allen Fragen rund um Kind und Hund. Warum ist es so wichtig, dass der Hund zur Familie passt und wie findet man den Traumhund? Welche Regeln müssen sowohl vom Hund als auch von den Kindern eingehalten werden? Kinder erfahren, wie sich ein Hund verständigt, welche Bedürfnisse er hat und wo sie bei der täglichen Pflege mithelfen können. Außerdem präsentieren die Autoren spannende Vorschläge für Spiele mit dem Hund und Aktivitäten beim Spaziergang – für alle Altersstufen, vom Kindergartenkind bis hin zum Teenager.

160 Seiten

Register

Bildnachweis

192 Farbfotos wurden von Klaus Grittner für dieses Buch aufgenommen.
Weitere Farbfotos von Andrea Buisman (2: S. 34, 35).

Impressum

Umschlaggestaltung von GRAMISCI Editorialdesign, München unter Verwendung von zwei Farbfotos von Jelena Filipinski-Schult.

Mit 197 Farbfotos.

Alle Angaben in diesem Buch erfolgen nach bestem Wissen und Gewissen. Sorgfalt bei der Umsetzung ist indes dennoch geboten. Der Verlag und die Autoren übernehmen keinerlei Haftung für Personen-, Sach- oder Vermögensschäden, die aus der Anwendung der vorgestellten Materialien, Methoden oder Informationen entstehen könnten.

Gedruckt auf chlorfrei gebleichtem Papier

2. überarbeitete und aktualisierte Auflage

ISBN 978-3-440-17453-1
Redaktion: Hilke Heinemann
Gestaltungskonzept: GRAMISCI Editorialdesign, München
Gestaltung und Satz: Atelier Krohmer, Dettingen/Erms
Produktion: Nina Renz
Druck und Bindung: FIRMENGRUPPE APPL, aprinta druck, Wemding
Printed in Germany / Imprimé en Allemagne

FSC www.fsc.org MIX Papier | Fördert gute Waldnutzung FSC® C004592

MARTIN RÜTTER
LIVE
DER WILL NUR SPIELEN!
„DER WILL NUR SPIELEN!“ – die neue Live-Show mit und von Martin Rütter.
Fachlich fundiert. Erbarmungslos ehrlich. Und natürlich wieder zum Bellen komisch.
Termine und Tickets: www.martin-ruetter-live.de